中药制药技术

专业入门手册

主编 高 媛

中国医药科技出版社

内 容 提 要

　　本书是天津生物工程职业技术学院组织编写的医药高等职业教育创新示范教材之一。作为一本写给中药制药技术专业新生的入门指南,分别对中药制药技术专业相关行业有关职业的岗位职责、就业前景、发展空间及所应具备的条件进行了详尽的描述和实际分析。同时以简洁的文字介绍了中药制药技术专业的知识技能体系框架,概括了中药制药技术专业的基本学习方法和路线,为学生将来的学习及职业道路指明了方向。

图书在版编目(CIP)数据

中药制药技术专业入门手册/高媛主编. —北京:中国医药科技出版社,2012.9
医药高等职业教育创新示范教材
ISBN 978 - 7 - 5067 - 5610 - 5

Ⅰ.①中…　Ⅱ.①高…　Ⅲ.①中成药 - 生产工艺 - 高等职业教育 - 教学参考资料　Ⅳ.①TQ461

中国版本图书馆 CIP 数据核字(2012)第 191938 号

美术编辑　陈君杞
版式设计　郭小平

出版　中国医药科技出版社
地址　北京市海淀区文慧园北路甲 22 号
邮编　100082
电话　发行:010 - 62227427　邮购:010 - 62236938
网址　www. cmstp. com
规格　710 × 1020mm $\frac{1}{16}$
印张　8
字数　102 千字
版次　2012 年 9 月第 1 版
印次　2012 年 9 月第 1 次印刷
印刷　北京金信诺印刷有限公司
经销　全国各地新华书店
书号　ISBN 978 - 7 - 5067 - 5610 - 5
定价　25.00 元

本社图书如存在印装质量问题请与本社联系调换

丛书编委会

刘晓松（天津生物工程职业技术学院　院长）

麻树文（天津生物工程职业技术学院　党委书记）

李榆梅（天津生物工程职业技术学院　副院长）

黄宇平（天津生物工程职业技术学院　教务处处长）

齐铁栓（天津市医药集团有限公司　人力资源部部长）

闫凤英（天津华立达生物工程有限公司　总经理）

闵　丽（天津瑞澄大药房连锁有限公司　总经理）

王蜀津（天津中新药业集团股份有限公司隆顺榕制药厂
　　　　人力资源部副部长）

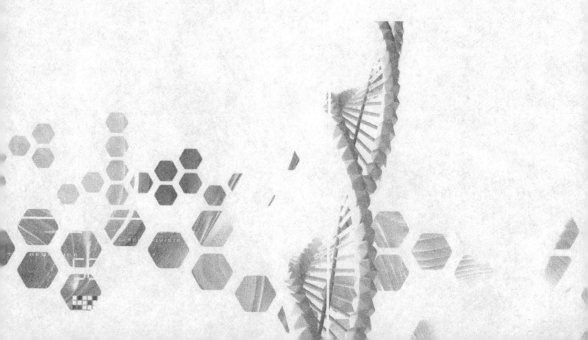

本书编委会

主　　编　高　媛

副 主 编　魏　巍

　　　　　赵　晶

编　　者　陈　健　（天津天药药业股份有限公司）

　　　　　张　凯　（天津百特医疗用品有限公司）

　　　　　郭富华　（天津百特医疗用品有限公司）

　　　　　李朝霞　（天津百特医疗用品有限公司）

　　　　　郑　瑾　（天津百特医疗用品有限公司）

　　　　　游强蓁　（天津中新药业集团股份有限公司

　　　　　　　　　　隆顺榕制药厂）

编写说明

为使学生入学后即能了解所学专业，热爱所学专业，在新生入学后进行专业入门教育十分必要。多年的教学实践证明，职业院校更需要强化对学生的职业素养教育，使学生熟悉医药行业基本要求，具备专业基本素质，毕业后即与就业岗位零距离对接，成为合格的医药行业准职业人。为此我们组织编写了"医药高等职业教育创新示范教材"。

本套校本教材共计 16 本，分为 3 类。专业入门教育类 11 本，行业公共基础类 3 本，行业指导类 2 本。专业入门教育类教材包括《化学制药技术专业入门手册》、《药物制剂技术专业入门手册》、《药品质量检测技术专业入门手册》、《化工设备维修技术专业入门手册》、《中药制药技术专业入门手册》、《中药专业入门手册》、《现代中药技术专业入门手册》、《药品经营与管理专业入门手册》、《医药物流管理专业入门手册》、《生物制药技术专业入门手册》和《生物实验技术专业入门手册》，以上 11 门教材分别由专业带头人主编。

行业公共基础类教材包括《医药行业法律与法规》、《医药行业卫生学基础》和《医药行业安全规范》，分别由实训中心主任和系主任主编。

行业指导类教材包括《医药行业职业道德与就业指导》和《医药行业社会实践指导手册》，由长期承担学生职业道德指导和社会实践指导的系书记和学生处主任主编。

在本套教材编写过程中，我院组织作者深入与本专业对口的医药行业重点企业进行调研，熟悉调研企业的重点岗位及工作任务，深入了解各专业所覆盖工作岗位的全部生产过程，分析岗位（群）职业要求，总结履行岗位职责应具备的综合能力。因此，本套校本教材体现了教学过程的实践性、开放性和职业性。

本套教材突出以能力为本位，以学生为主体，强调"教、学、做"一体，体现了职业教育面向社会、面向行业、面向企业的办学思想。对深化医药类职业院校教育教学改革，促进职业教育教学与生产实践、技术推广紧密结合，加强学生职业技能的培养，加快为医药行业培养更多、更优秀的高端技能型专门人才都起到了推动作用。

本套教材适用于医药类高职高专教育院校和医药行业职工培训使用。

由于作者水平有限，书中难免有不妥之处，敬请读者批评指正。

天津生物工程职业技术学院

2012 年 6 月

目 录
Contents

模块一　准备好,现在就出发

任务一　微笑迎接挑战,做一名有职业道德的医药人

一、你是一名大学生

大学是国家高等教育的学府,综合性的提供教学和研究条件,也是授权颁发学位的高等教育机关。大学通常被人们比作描述新娘美丽颈项的象牙塔(ivory tower);是与世隔绝的梦幻境地,这里是一个不同寻常、丰富多彩的小世界,充满着各种各样的机遇。众多的课外活动、体育活动、社会活动的经历将会对大学生当中的很多人产生重大影响。希望你在这里度过一段人生中非常特别的时光——这就是你的大学。

请千万记住,无论你在大学中经历了什么,都归属于学习的过程。课堂的知识帮你累积学识和技能、课余的生活帮你提高综合素质、宿舍和班级内的相处帮你提升人际交往的能力、社会实践活动拓展你的视野……这所有的一切就是你们学习的时刻,是你们接触各种思想观念的时刻。这些思想观念与你们过去和将来接触到的不一定相同,这样的体验或许只在你一生中的这段时光里才会经历到。因此,当你遇到欢欣愉悦的事情时,请记住微笑,把你明媚的心情和收获与你的同伴分享,这会让你的幸福感加倍;当你遇到困难和挫折时,请记住以微笑展示你的坚强和乐观,别忘记也把你的落寞和愤愤不平向知己好友倾诉,这会帮你尽快抚平创伤。

今天,你走进了大学校园,你是一名大学生;你将如何在这"小天

地"度过你的大学生活，你又将在哪些方面有所提高，下面的内容或许能使你眼前一亮。

1. 专业

没有垃圾专业，只有垃圾学生。大学是一种文化与精神凝聚的场所。很多学生学到了皮毛却没有学到内涵。专业不是你能学到什么，而是你有没有学会怎么学到东西。专业的价值在于你能往脑袋里装多少东西。很多学生认为自己分数高就是专业扎实。但是进入单位后，你会发现这个根本没有用！分数高代表你的考试技能高，不代表你的专业扎实。高分不一定低能，也不一定高能。两者没有任何必然联系。

2. 社团

外国大学的社团非常锻炼人，比如组织活动、拉赞助、协调人际关系，然后还有很多时候要选择项目维持社团运作，几乎类似完整的一个公司模式。中国大学的社团也不是一无是处。你可以学到一些沟通能力，而且社团更像一个微型的社会，你该怎么周旋？你该怎么适应？其间你要学会怎么正视别人的白眼儿，学会怎么调节好自己的利益和别人之间的关系。

3. 技能

（1）硬件

①英语：四级证怎么说呢？算一城市户口，但你怎么在城里活下去还是看你的真本事。口语、写作是重中之重。毕竟金山词霸还能在你翻译的时候帮你一把，可是口语交流你总不能捧个文曲星吧？抱怨的时间多看看剑桥的商务英语，有用，谁看谁知道。

②专业：在企业中，过硬的专业素质是你的立身之本。你有知识才能有发展，就算转行，将来也将有很大的优势。

还是那句话，专业的人不是头脑里有多少知识的人，而是手头工作的专业与自己所学专业不符合的人，能不能很快上手，能不能很快有自己的见解。

（2）软件

① 心态：心平气和地做好手头的工作，你必然会有好结果的。态度决定一切！

② 知识：不是专业。知识涉猎不一定专，但一定要广！多看看其他方面的书，金融、财会、进出口、税务、法律等等，为以后做一些积累，以后的用处会更大！会少交许多学费！

③ 思维：务必培养自己多方面的能力，包括管理、亲和力、察言观色能力，公关能力等，要成为综合素质的高手，则前途无量！技术以外的技能才是更重要的本事！从古到今，国内国外，一律如此！

④ 人脉：多交朋友！不要只和你一样的人交往，认为有共同语言，其实更重要的是和其他类型的人交往，了解他们的经历、思维习惯、爱好，学习他们处理问题的模式，了解社会各个角落的现象和问题，这是以后发展的巨大本钱。

⑤ 修身：要学会善于推销自己！不仅要能干，还要能说、能写，善于利用一切机会推销自己，树立自己的品牌形象。要创造条件让别人了解自己，不然老板怎么知道你能干？外面的投资人怎么相信你？

最后的最后，永远别忘记对自己说——我是一名大学生，我终将战胜这些，走向光明未来。

二、挑战大学新生常见问题

1. 初入大学的迷惘

（1）大一新生的困惑　对你来说，可能期待大学生活是辉煌灿烂的一个阶段，渴望令人终身难以忘怀、多姿多彩的校园生活。然而，当大学生活初步被安顿下来，开始了正常的学习生活之后，最初的惊奇与激情逐渐逝去，大学新生要面临的是一段艰难的心理适应期。

 案例

"刚上大学时远离了父母，远离了昔日的朋友，我的心底非常迷惘、

非常伤感。新同学的陌生更增加了我心底那份化不开的孤独。每天背着书包奔波在校园中，独自品味着生活的白开水。"一位大学新生在接受心理辅导时如是说。

（2）为什么大学新生容易产生适应困难？

① 新环境中知音难觅：与大学里面的新同学接触时，总习惯拿高中时的好友为标准来加以衡量。由于有老朋友的存在，常常会觉得新面孔不太合意。

在高中阶段，上大学几乎是所有高中生最迫切的目标，在这个统一的目标下，找到志同道合的朋友很容易。但是进入大学以后，各人的目标和志向会发生很大的变化，要找到一个在某一方面有共同追求的朋友，就需要较长时间的努力。

② 中心地位的失落：全国各地的同学汇集一堂，相比之下，很多新生会发现自己显得比较平常，成绩比自己更优异的同学比比皆是。

这一突然的变化使一些新生措手不及，无法接受理想自我和现实自我之间的巨大差距，一种失落感便袭上心头。

③ 强烈的自卑感：某些男同学可能会因为身材矮小而自卑，某些女同学可能因长相不佳而自卑；还有一些来自农村或小城镇的同学，与来自大城市的同学相比，往往会觉得自己见识浅薄，没有特长，从而产生自卑感。

2. 环境适应

（1）适应新的校园环境　首先要尽快熟悉校园的"地形"。这样，在办理各种手续、解决各种问题的时候就会比别人更顺利、更节省时间。

其次，在班级中担任一定的工作，也能帮助你尽快适应校园生活。这样与老师、同学接触得越多，掌握的信息越多，锻炼的机会也越多，能力提高很快，自信心也就逐渐建立起来了。

（2）　适应校园中的人际环境　你来到大学校园，最有可能面临下面几种情况。

① 多人共享一间宿舍：你们会出现就寝、起床时间的差异，个人卫生要求、习惯的差异，对物品爱惜程度的差异等等。在宿舍生活，就是一个五湖四海的融合的过程，意味着你们要彼此适应，互相理解、互相包容。

建议在符合学校相关管理制度的基础上，制定一个宿舍公约，这样将便于寝室内所有人更好、更舒适的生活。

② 饮食的差异：食堂的饭菜可能和你家乡的饮食有所差别，你的味蕾、你的胃都要去适应。在外就餐要注意饮食健康。

③ 可支配生活费的差异：面对同学们之间支配金钱能力的差异，要摆正心态，树立简朴生活的观念，做到勤俭节约，合理安排生活费，保证学习的有效进行。并学会自立、自强，学习理财，如有需要可向生源地申请助学贷款、向学校申请国家奖助学金及各类社会助学金等。

（3）适应校园外的社会环境　离开家乡到异地求学，意味着踏入一个不同的社会环境，怎样搭乘公共汽车、怎样向别人问路、怎样上商店买东西、怎样和小商贩讨价还价都要逐步熟悉。了解适应社会环境都有哪些形式，总的来说，适应社会环境有两种形式：一种是改造社会环境，使环境合乎我们的要求；另一种形式是改造我们自己，去适应环境的要求。无论哪种形式，最后都要达到环境与我们自身的和谐一致。

3. 生活适应

（1）培养生活自理能力

 案例

某女大学生在考入理想的大学后，从小城市到大城市，从温暖、充满母爱的小家庭到校园中的大家庭，完全不能适应。她说："洗澡要排队，衣服要自己洗，食堂的饭菜又难以下咽……"为此天天给家里打长途电话诉苦。电话里的哭声让母亲揪心，于是母亲只好请假租房陪女儿读书。

从离不开父母的家庭生活到事事完全自理的大学生活，一切都要从头

学起。从某种意义上说，这是一种真正的生活独立性的训练。

（2）培养良好的生活习惯　生活习惯代表着个人的生活方式。良好的生活习惯不仅能促进个人的身心健康，而且也能对人的未来发展有间接的作用。

① 要合理地安排作息时间，形成良好的作息制度。因为有规律的生活能使大脑和神经系统的兴奋和抑制交替进行，天长日久，能在大脑皮层上形成动力定型，这对促进身心健康是非常有利的。

② 要进行适当的体育锻炼和文娱活动。学习之余参加一些文体活动，不但可以缓解刻板紧张的生活，还可以放松心情、增加生活乐趣，反而有助于提高学习效率。

③ 要保证合理的营养供应，养成良好的饮食习惯。

④ 要改正或防止吸烟、酗酒、沉溺于电子游戏等不良的生活习惯。

（3）安排好课余时间　大学校园除了日常的教学活动之外，还有各种各样的讲座、讨论会、学术报告、文娱活动、社团活动、公关活动等等。这些活动对于大学新生来说，的确是令人眼花缭乱，对于如何安排课余时间，大学新生常常心中没谱。如果完全按照兴趣，随意性太大，很难有效地利用高校的有利环境和资源。

应该了解自己近期内要达到哪些目标，长远目标是什么，自己最迫切需要的是什么，各种活动对自己发展的意义又有多大等等。然后做出最好的时间安排，并且在执行计划中不断地修正和发展。

丰富的课余生活不只会增添人生乐趣，也有利于建立自信心，增强社会适应能力。

4. 学习适应

（1）大学新生容易产生学习动机不足的现象　相当一部分大学生身上不同程度地存在着学习动力不足的问题。上大学前后的"动机落差"，自我控制能力差，缺乏远大的理想，没有树立正确的人生观，都是导致大学新生学习动机不足的重要原因。

（2）适应校园的学习气氛　大学里面的学习气氛是外松内紧的。和中学相比，在大学里很少有人监督你，很少有人主动指导你；这里没有人给你制订具体的学习目标，考试一般不公布分数、不排红榜……

但这里绝不是没有竞争。每个人都在独立地面对学业；每个人都该有自己设定的目标；每个人都在和自己的昨天比，和自己的潜能比，也暗暗地与别人比。

（3）调整学习方法　进入大学后，以教师为主导的教学模式变成了以学生为主导的自学模式。教师在课堂讲授知识后，学生不仅要消化理解课堂上学习的内容，而且还要大量阅读相关方面的书籍和文献资料，逐渐地从"要我学"向"我要学"转变，不采用题海战术和死记硬背的方法，提倡生动活泼地学习，提倡勤于思考。

可以说，自学能力的高低成为影响学业成绩的最重要因素。从旧的学习方法向新的学习方法过渡，这是每个大学新生都必须经历的过程。

（4）适应专业学习　对专业课的学习应目标明确具体，主动克服各种学习困难，不断提高学习兴趣；对待公共课，要认识到其实用的价值，努力把对公共课的间接兴趣转化为直接学习兴趣；对选修课的学习，应注意克服仅仅停留在浅层的了解和获知的现象。

（5）适应学习科目　中学阶段，我们一般只学习十门左右的课程，而且有两年时间都把精力砸到高考科目上了，老师主要讲授一般性的基础知识。而大学三年需要学习的课程在30门左右，每一个学期学习的课程都不相同，内容多，学习任务远比中学重得多。大学一年级主要学习公共课程和专业基础课，大学二年级主要学习专业课和专业技能课程以及选修课，大学三年级重点进行专业实习以及顶岗实习。

（6）适应自主学习　中学里，经常有老师占用自习课，让同学们非常苦恼，大学里这种情况几乎不存在了。因为大学里课堂讲授相对减少，自学时间大量增加。同时，大学为学生学习提供了非常好的环境，有藏书丰富的图书馆，有设备先进的实验室，有丰富多彩的课外活动及社团活动。

（7）明确技能要求　在中学时期，学习的内容就是语数外等高考科目，到了大学阶段，我们学习的内容转变技能为主，强调动手能力，加强技能学习与训练。

高中和大学的区别——

高中事情父母包办；大学住校凡事要自己解决。

高中有事班主任通知；大学有事要自己看通知。

高中父母是你的守护者；大学在外你是自己的天使。

高中衣来伸手饭来张口；大学要自力更生丰衣足食。

常见品质——

令人喜欢的品质：	中性品质：	令人厌恶的品质：
☆ 热情	◇ 易动情	★ 不可信
☆ 善良	◇ 羞怯	★ 恶毒
☆ 友好	◇ 天真	★ 令人讨厌
☆ 快乐	◇ 好动	★ 不真实
☆ 不自私	◇ 空想	★ 不诚实
☆ 幽默	◇ 追求物欲	★ 冷酷
☆ 负责	◇ 反叛	★ 邪恶
☆ 开朗	◇ 孤独	★ 装假
☆ 信任别人	◇ 依赖别人	★ 说谎

三、新的起点，开启新的人生

成为一名大学生，也掀开了人生新的篇章。在新的环境中，如想更好的生存和发展，需要尽快熟悉和适应这样的生活。同时在新的环境中开始，我们也可以抛弃过去不好的行为和习惯，秉承好的传统，学习新的更有价值和意义的知识、方法和技能。来到同一个大学，大家的起跑线相同，对你来说也是更大的机遇。及早的做好准备，对自己的人生目标做出分析和确定，而且也愿意花最多时间去完成这个你在医药行业里确立的职业生涯目标，这个目标可以体现你的价值、理想和对这种成就有追求动机或兴趣。设定一个明确的、可衡量的、可执行的、有时限的目标至关重要，因为"没有目标的人永远给有目标的人打工"。

在大学生活中，要如何完善自己，开启自己新的人生呢？

1. 制订科学的专业学习计划

通常个人的专业学习计划应当包括以下三方面的内容。

（1）明确的专业学习目标　也就是学生通过专业学习达到预期的结果，在专业基本理论、基本知识和基本技能方面达到的水平，在专业能力方面和实际应用方面达到的目标。

（2）进程表　即学习时间和学习进度安排表，包括二个层次，一是总体学习时间和学习进度安排表，即大学期间如何安排专业学习进程，一般地，大学专业学习进程指导原则是第一年打基础，即学习从事多种职业能力通用的课程和继续学习必需的课程。二是学期进程表，把一个学期的全部时间分成三个部分：学习时间、复习时间、考试时间。分别在三个时间段内制订不同的学习进程表。三是课程进度表，是学生在每门课程中投入的时间和精力的体现。

（3）完成计划的方法和措施　主要指学习方式，学习方式的选择需要考虑的因素：学习基础、学习能力、学习习惯、学科性质、学校能够提供的支持服务、学生能够保证的学习时间等，还要遵循学习心理活动特点和学习规律以及个人的生理规律等。

那么，什么样的专业学习计划才算是科学合理呢？

（1）全面合理　计划中除了有专业学习时间外，还应有学习其他知识的时间。也就是要有合理的知识结构。知识结构是指知识体系在求职者头脑中的内在联系。结构决定着能力，不同的知识结构预示着能否胜任不同性质的工作。随着科学技术的发展，职业发展呈现出智能化、综合化等特点，根据职业发展特点，从业者的知识结构应该更加宽泛、合理。大学生在校学习期间，不仅要掌握本专业知识技能，而且要对相近或相关知识技能进行学习。宽厚的基础知识和必要技能的掌握，才能适应因社会快速发展而对人才要求的不断变化。此外，还应有进行社会工作、为集体服务的时间；有保证休息、娱乐、睡眠的时间。

(2) 长时间短安排　在一个较长的时间内，究竟干些什么，应当有个大致计划。比如，一个学期、一个学年应当有个长计划。

(3) 重点突出　学习时间是有限的，而学习的内容是无限的，所以必须要有重点，要保证重点，兼顾一般。

(4) 脚踏实地　一是知识能力的实际，每个阶段，在计划中要接受消化多少知识?要培养哪些能力?二是指常规学习时间与自由学习时间各有多少? 三是"债务"实际，对自己在学习上的"欠债"情况心中有数。四是教学进度的实际，掌握教师教学进度，就可以妥善安排时间，不致于使自己的计划受到"冲击"。

(5) 适时调整　每一个计划执行结束或执行到一个阶段，就应当检查一下效果如何。如果效果不好，就要找找原因，进行必要的调整。检查的内容应包括：计划中规定的任务是否完成，是否按计划去做了，学习效果如何，没有完成计划的原因是什么。通过检查后，再修订专业学习计划，改变不科学、不合理的地方。

(6) 灵活性　计划变成现实，还需要经过一段时间，在这个过程中会遇到许多新问题、新情况，所以计划不要太满、太死、太紧。要留出机动时间，使计划有一定机动性、灵活性。

2. 能力的自我培养

大学生在大学期间应基本上具有工作岗位所要求的能力，这就要求大学生在大学期间注重能力的自我培养。其途径主要有以下几个方面。

(1) 积累知识　知识是能力的基础，勤奋是成功的钥匙。离开知识的积累，能力就成了"无源之水"，而知识的积累要靠勤奋的学习来实现。大学生在校期间，既要掌握已学书本上的知识和技能，也要掌握学习的方法，学会学习，养成自学的习惯，树立终身学习的意识。

(2) 专业实验，勤于实践　实验是理论知识的升华和检验，我们可以通过实验来检验专业的理论知识，也能巩固理论知识，加深理解。而实践是培养和提高能力的重要途径，是检验学生是否学到知识的标准。因此大学生在校期间，既要主动积极参加各种校园文化活动，又要勇于参与一些社会实践活动；既要认真参加社会调查活动，又要热心各种公益活动，既要积极参与校内外相结合的科学研究、科技协作、科技服务活动，参加以校内建设或社会生产建设为主要内容的生产劳动，又要热忱参加教育实习活动，参加学校举办的各种类型的学习班、讲学班等。

（3）发展兴趣　兴趣包括直接兴趣和间接兴趣；直接兴趣是事物本身引起的兴趣；间接兴趣是对能给个体带来愉快或益处的活动结果发生的兴趣，人的意志在其中起着积极的促进作用。大学生应该重点培养对学习的间接兴趣，以提高自身能力为目标鼓励自己学习。

（4）超越自我　作为一名大学生，应当注意发展自己的优势能力，但任何优势能力是不够的，大学生必须对已经具备的能力有所拓展，不管其发展程度如何，这是今后生存的需要，也是发展的需要。

3. 身心素质培养

身体素质和心理素质合称为身心素质。身心素质对大学生成才有着重大影响，因此不断提升身心素质显得尤为重要。大学生心理素质提升的主要途径如下。

（1）科学用脑

① 勤于用脑：大脑用得越勤快，脑功能越发达。讲究最佳用脑时间。研究发现，人的最佳用脑时间存在着很大的差异性，就一天而言，有早晨学习效率最高的百灵鸟型，有黑夜学习效率最高的猫头鹰型，也有最佳学习时间不明显的混合型。

② 劳逸结合：从事脑力劳动的时候，大脑皮层兴奋区的代谢过程就逐步加强，血流量和耗氧量也增加，从而使脑的工作能力逐步提高。如果长时间用大脑，消耗的过程逐步越过恢复过程，就会产生疲劳。疲劳如果持续下去，不仅会使学习和工作效率降低，还会引起神经衰弱等疾病。

③ 多种活动交替进行：人的脑细胞有专门的分工，各司其职。经常轮换脑细胞的兴奋与抑制，可以减轻疲劳，提高效率。

④ 培养良好的生活习惯：节奏性是人脑的基本规律之一，大脑皮层的兴奋与抑制有节奏地交替进行，大脑才能发挥较大效能。要使大脑兴奋与抑制有节奏，就要养成良好的生活习惯。

（2）正确认识自己　良好的自我意识要求做到自知、自爱，其具体内涵是自尊、自信、自强、自制。自信、自强的人对自己的动机、目的有明确的了解，对自己的能力能做出比较客观的估价。

（3）自觉控制和调节情绪　疾病都与情绪有关，长期的思虑忧郁，过度的气愤、苦闷，都可能导致疾病的发生。大学生希望有健康的身心，就必须经常保持乐观的情绪，在学习、生活和工作中有效地驾驭自己的情绪活动，自觉地控制和调节情绪。

（4）提高克服挫折的能力　正视挫折，战胜或适应挫折。遇到挫折，要冷静分析原因，找出问题的症结，充分发挥主观能动性，想办法战胜它。如果主客观差距太大，虽然经过努力，也无法战胜，就接受它，适应它，或者另辟蹊径，以便再战。要多经受挫折的磨炼。

4. 选择与决策能力的培养

做出明智的选择是一项与每个人的成长、生活息息相关的基本生存技能，我们的每一个决定，都会影响我们的职业生涯发展。在我们的一生中，需要花费无数的时间与精力来选择或做出决定，小到选乘公交车，大到求学、择业，还有恋爱与婚姻……的确，成功与幸福很大程度上取决于我们在"十字路口"上的某个决定。如果能够具备良好的选择和决策能力，那我们在职业发展的道路上会比别人少浪费很多时间。

5. 学会职业适应与自我塑造

法国哲学家狄德罗曾说过：知道事物应该是什么样，说明你是聪明人；知道事物实际是什么样，说明你是有经验的人；知道如何使事物变得更好，说明你是有才能的人。显然，要想获得职业上的成功，首先是学会适应职业环境，就像大自然中的千年动物，能够随着自然环境的变化而调整、改变自己，避免成为"娇贵"的恐龙！

总而言之，在我们非常宝贵的大学期间，我们应努力培养以下各种技能：自学能力、设备使用操作能力、实验动手能力、应用计算机能力、绘图能力、实验测试能力、技术综合能力、独立工作能力、实验数据分析处理能力、独立思考与创造能力、管理能力、组织管理与社交能力、文字语言表达能力。为了达到以上的目标，我们必须提早动手，对未来的学习有个前瞻性的规划，通过学习计划的设计与按部就班的实施，你的目标终将会逐一实现。

四、医药人，我有我要求

近年来，我国医药行业发展迅速，人才需求旺盛。企业在用人之际反馈出新进员工普遍存在敬业精神及合作态度等方面问题，这也就牵涉到当代医药人职业素养层次的问题。在正式成为医药行业高技能人才之前，请你务必意识到良好的职业素养是今后职业生涯成功与否的基础。

1. 职业素养涵盖的范畴

很多业界人士认为，职业素养至少包含两个重要因素：敬业精神及合作的态度。敬业精神就是在工作中要将自己作为公司的一部分，不管做什么工作一定要做到最好，发挥出实力，对于一些细小的错误一定要及时地更正，敬业不仅仅是吃苦耐劳，更重要的是"用心"去做好公司分配给的每一份工作。态度是职业素养的核心，好的态度比如负责的、积极的、自信的、建设性的、欣赏的、乐于助人等态度是决定成败的关键因素。

职业素养是个很大的概念，是人类在社会活动中需要遵守的行为规范。职业素养中，专业是第一位的，但是除了专业，敬业和道德是必备的，体现到职场上的就是职业素养，体现在生活中的就是个人素质或者道德修养。职业素养在职业过程中表现出来的综合品质，概况来说就是指职业道德、职业思想（意识）、职业行为习惯、职业技能等四个方面。职业素养是一个人职业生涯成败的关键因素，职业素养量化而成"职商"，英文简称CQ。也可以说一生成败看职商。

2. 大学生职业素养的构成

大学生的职业素养可分为显性和隐性两部分（图1-1）。

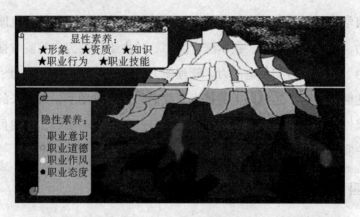

图1-1　"素质冰山"理论中显性素养和隐性素养比例图示

（1）显性素养　形象、资质、知识、职业行为和职业技能等方面是显性部分。这些可以通过各种学历证书、职业证书来证明，或者通过专业考试来验证。

（2）隐性素养　职业意识、职业道德、职业作风和职业态度等方面是隐性的职业素养。"素质冰山"理论认为，个体的素质就像水中漂浮的一座冰山，水上部分的知识、技能仅仅代表表层的特征，不能区分绩效优劣；水下部分的动机、特质、态度、责任心才是决定人行为的关键因素，可鉴别绩效优秀者和一般者。大学生的职业素养也可以看成是一座冰山：冰山浮在水面以上的只有1/8是人们看得见的、显性的职业素养；而冰山隐藏在水面以下的部分占整体的7/8是人们看不见的、隐性的职业素养。显性职业素养和隐性职业素养共同构成了所应具备的全部职业素养。由此可见，大部分的职业素养是人们看不见的，但正是这7/8的隐性职业素养决定、支撑着外在的显性职业素养，同时，显性职业素养是隐性职业素养的外在表现。因此，大学生职业素养的培养应该着眼于整座"冰山"，以培养显性职业素养为基础，重点培养隐性职业素养。

3. 大学生应具备的职业素养

为了顺应知识经济时代社会竞争激烈、人际交往频繁、工作压力大等特点的要求，每个大学生应具备以下几种基本的职业素养。

（1）思想道德素质　近年来，用人单位对大学生的思想道德素质越来越重视，他们认为思想道德素质高的学生不仅用起来放心，而且有利于本单位文化的发展和进步。思想是行动的先导，而道德是立身之本，很难想象一个思想道德素质差的人能够在工作中赢得别人充分的信任和良好的合作。毕竟人是社会的人，在企业的工作中更是如此。所以，企业在选拔录用毕业生时，对思想道德素质都会很在意。虽然这种素质很难准确测量，但是人的思想道德素质会体现在人的一言一行中，这也是面试的主要目的之一。

（2）事业心和责任感　事业心是指干一番事业的决心。有事业心的人目光远大、心胸开阔，能克服常人难以克服的困难而成为社会上的佼佼者。责任感就是要求把个人利益同国家和社会的发展紧密联系起来，树立强烈的历史使命感和社会责任感。拥有较强的事业心和责任感的大学生才能与单位同甘共苦、共患难，才能将自己的知识和才能充分发挥出来，从而创造出效益。

（3）职业道德　职业道德体现在每一个具体职业中，任何一个具体职业都有本行业的规范，这些规范的形成是人们对职业活动的客观要求。从业者必须对社会承担必要的职责，遵守职业道德，敬业、勤业。具体来说，就是热爱本职工作，恪尽职守，讲究职业信誉，刻苦钻研本职业务，对技术和专业精益求精。在今天，敬业勤业更具有新的、丰富的内涵和标准。不计较个人得失、全心全意为人民服务、勤奋开拓、求实创新等，都是新时代对大学毕业生职业道德的要求。缺乏职业道德的大学生不可能在工作中尽心尽力，更谈不上有所作为；相反，大学毕业生如果拥有崇高的职业道德，不断努力，那么在任何职业上都会做出贡献，服务社会的同时体现个人价值。

（4）专业基础　随着科学技术的迅速发展，社会化大生产不断壮大，现代职业对从业人员专业基础的要求越来越高，专业化的倾向越来越明显。"万金油"式的人才已经不能满足市场的需求，只有拥有"一专多能"才能在求职过程中取胜。大学毕业生应该拥有宽厚扎实的基础知识和广博精深的专业知识。基础知识、基本理论是知识结构的根基。拥有宽厚扎实的基础知识，才能有持续学习和发展的基础和动力。专业知识是知识结构的核心部分，大学生要对自己所从事专业的知识和技术精益求精，对学科的历史、现状和发展趋势有较深的认识和系统的了解，并善于将其所学的专业和其他相关知识领域紧密联系起来。

(5) 学习能力　现代社会科学技术飞速发展，一日千里。只有基础牢，会学习，善于汲取新知识、新经验，不断在各方面完善自己，才能跟上时代的步伐。有研究观点认为，一个大学毕业生在学校获得的知识只占一生工作所需知识的10%，其余需在毕业后的继续学习中不断获取。

(6) 人际交往能力　人际交往能力就是与人相处的能力。随着社会分工的日益精细以及个人能力的限制，单打独斗已经很难完成工作任务，人际间的合作与沟通已必不可少。大学毕业生应该积极主动地参与人际交往，做到诚实守信、以诚待人，同时努力培养团队协作精神，这样才能逐步提高自己的人际交往能力。

(7) 吃苦精神　用人单位认为近年来所招大学生最缺乏的素质是实干精神。现在的大学生最大的弱点是怕吃苦，缺乏实干的奋斗精神。大凡有所成就的人，无一不是通过艰苦创业而成才的。作为当代大学生，我们应从平时小事做起，努力培养吃苦耐劳的创业精神。

(8) 创新精神　现代社会日新月异，我们不能墨守成规。在市场经济条件下，各企业都要参与激烈的市场竞争。用人单位迫切需要大学生运用创新精神和专业知识来帮助他们改造技术，加强企业管理，使产品不断更新和发展，给企业带来新的活力。信息时代是物资极弱的时代，非物资需求成为人类的重要需求，信息网络的全球架构使人类生活的秩序和结构发生根本变化。人才，尤其是信息时代的人才，更需要创新精神。

(9) 身体素质　现代社会生活节奏快，工作压力大，没有健康的体魄很难适应。用人单位都希望自己的员工能健康地为单位多做贡献，而不希望看到他们经常请病假。身体有疾病的员工不但会耽误自己的工作，还有可能对单位的其他同事造成影响。用人单位和大学生签订协议书之前，都会要求大学生提交身体检查报告，如果身体不健康，即使其他方面非常优秀，也会被拒之门外。

（10）健康的心理　健康的心理是一个人事业能否取得成功的关键，它是指自我意识的健全，情绪控制的适度，人际关系的和谐和对挫折的承受能力。心理素质好的人能以旺盛的精力、积极乐观的心态处理好各种关系，主动适应环境的变化；心理素质差的人则经常处于忧愁困苦中，不能很好地适应环境，最终影响了工作甚至带来身体上的疾病。大学毕业生在走出校园以后，会遇到更加复杂的人际关系，更为沉重的工作压力，这都需要大学毕业生很好地进行自我调适以适应社会。

总的来说，大学生应具备的职业意识包括：市场意识、创新意识、合作意识、服务意识、法律意识、竞争意识、创业意识。而大学生应具备的职业能力又包括以下几个方面：终身学习能力、人际沟通能力、开发创造能力、协调沟通能力、言语表达能力、组织管理能力、判断决策能力、职场人格魅力、信息处理能力、应变处理能力。

4. 职业素养的自我培养

作为职业素养培养主体的大学生，在大学期间应该学会自我培养。

（1）要培养职业意识。雷恩·吉尔森说："一个人花在影响自己未来命运的工作选择上的精力，竟比花在购买穿了一年就会扔掉的衣服上的心思要少得多，这是一件多么奇怪的事情，尤其是当他未来的幸福和富足要全部依赖于这份工作时。"很多高中毕业生在跨进大学校门之时就认为已经完成了学习任务，可以在大学里尽情地"享受"了。这正是他们在就业时感到压力的根源。清华大学的樊富珉教授认为，中国有69%～80%的大学生对未来职业没有规划、就业时容易感到压力。中国社会调查所最近完成的一项在校大学生心理健康状况调查显示，75%的大学生认为压力主要来源于社会就业。50%的大学生对于自己毕业后的发展前途感到迷茫，没有目标；41.7%的大学生表示目前没考虑太多；只有8.3%的人对自己的未来有明确的目标并且充满信心。培养职业意识就是要对自己的未来有规划。因此，大学期间，每个大学生应明确我是一个什么样的人？我将来想做什么？我能做什么？环境能支持我做什么？着重解决一个问题，就是认识自己的个性特征，包括自己的气质、性格和能力，以及自己的个性倾向，包括兴趣、动机、需要、价值观等。据此来确定自己的个性是否与理想的职业相符：对自己的优势和不足有一个比较客观的认识，结合环境如市场需要、社会资源等确定自己的发展方向和行业选择范围，明确职业发展目标。

（2）配合学校的培养任务，完成知识、技能等显性职业素养的培养。职业行为和职业技能等显性职业素养比较容易通过教育和培训获得。学校的教学及各专业的培养方案是针对社会需要和专业需要所制订的。旨在使学生获得系统化的基础知识及专业知识，加强学生对专业的认知和知识的运用，并使学生获得学习能力、培养学习习惯。因此，大学生应该积极配合学校的培养计划，认真完成学习任务，尽可能利用学校的教育资源，包括教师、图书馆等获得知识和技能，作为将来职业需要的储备。

（3）有意识地培养职业道德、职业态度、职业作风等方面的隐性素养。隐性职业素养是大学生职业素养的核心内容。核心职业素养体现在很多方面，如独立性、责任心、敬业精神、团队意识、职业操守等。事实表明，很多大学生在这些方面存在不足。有记者调查发现，缺乏独立性、会抢风头、不愿下基层吃苦等表现容易断送大学生的前程。如某企业招聘负责人在他所进行的一次招聘中，一位来自上海某名牌大学的女生在中文笔试和外语口试中都很优秀，但被最后一轮面试淘汰。他说："我最后不经意地问她，你可能被安排在大客户经理助理的岗位，但你的户口能否进深圳还需再争取，你愿意么？"结果，她犹豫片刻回答说："先回去和父母商量再决定。"缺乏独立性使她失掉了工作机会。而喜欢抢风头的人被认为没有团队合作精神，用人单位也不喜欢。如今，很多大学生生长在"6+1"的独生子女家庭，因此在独立性、承担责任、与人分享等方面都不够好，相反他们爱出风头、容易受伤。因此，大学生应该有意识地在学校的学习和生活中主动培养独立性、学会分享、感恩、勇于承担责任，不要把错误和责任都归咎于他人。自己摔倒了不能怪路不好，要先检讨自己，承认自己的错误和不足。

大学生职业素养的自我培养应该加强自我修养，在思想、情操、意志、体魄等方面进行自我锻炼。同时，还要培养良好的心理素质，增强应对压力和挫折的能力，善于从逆境中寻找转机。

5. 医药人的职业道德要求

(1) 药学科研的职业道德要求

① 忠诚事业，献身药学

② 实事求是，一丝不苟

③ 尊重同仁，团结协作

④ 以德为先，尊重生命

(2) 药品生产的职业道德要求

① 保证生产，社会效益与经济效益并重

② 质量第一，自觉遵守规范（GMP）

③ 保护环境，保护药品生产者的健康

④ 规范包装，如实宣传

⑤ 依法促销，诚信推广

(3) 药品经营的职业道德要求

① 药品批发的道德要求

ⅰ 规范采购，维护质量

ⅱ 热情周到，服务客户

② 药品零售的道德要求

ⅰ 诚实守信，确保销售质量

ⅱ 指导用药，做好药学服务

(4) 医院药学工作的职业道德要求

① 合法采购，规范进药

② 精心调剂，热心服务

③ 精益求精，确保质量

④ 维护患者利益，提高生活质量

任务二 高等职业教育,我的选择无怨无悔

一、普通高等教育和高等职业教育

《国家中长期教育改革和发展规划纲要（2010～2020年)》（简称《教育规划纲要》)，对高等教育提出了发展规划。基于此，我们来看一下普通高等教育和高等职业教育。

(一) 普通高等教育

高等教育承担着培养高级专门人才、发展科学技术文化、促进社会主义现代化建设的重大任务。到2020年，高等教育结构更加合理，特色更加鲜明，人才培养、科学研究和社会服务整体水平全面提升，着力培养信念执著、品德优良、知识丰富、本领过硬的高素质专门人才和拔尖创新人才。

国家将加快建设一流大学和一流学科。以重点学科建设为基础，继续实施"985工程"和优势学科创新平台建设，继续实施"211工程"和启动特色重点学科项目。坚持服务国家目标与鼓励自由探索相结合，加强基础研究；以重大现实问题为主攻方向，加强应用研究。促进高校、科研院所、企业科技教育资源共享，推动高校创新组织模式，培育跨学科、跨领域的科研与教学相结合的团队。

普通高等教育五大学历教育是国家教育部最为正规且用人单位最为认可的学历教育，主要包括全日制普通博士学位研究生、全日制普通硕士学位研究生（包括学术型硕士和专业硕士）、全日制普通第二学士学位、全日制普通本科、全日制普通专科(高职)。

(二) 高等职业教育

我国的高等职业技术教育开始于20世纪80年代初，1995年以后，特别是1996年6月全国教育工作会议之后，高等职业技术教育发展迅速。中央和地方也出台了一系列好政策、好措施。教育部批准设置了多所高等职业技术学院，各地方也成立了具有地方特色的高等职业技术学院，许多普通

高校也以不同形式设置了职业技术学院，高等职业技术教育的发展出现了大好局面。

国家在《教育规划纲要》中提及要大力发展职业教育。职业教育要面向人人、面向社会，着力培养学生的职业道德、职业技能和就业创业能力。到2020年，形成适应经济发展方式转变和产业结构调整要求、体现终身教育理念、中等和高等职业教育协调发展的现代职业教育体系，满足人民群众接受职业教育的需求，满足经济社会对高素质劳动者和技能型人才的需要。

政府切实履行发展职业教育的职责。把职业教育纳入经济社会发展和产业发展规划，促使职业教育规模、专业设置与经济社会发展需求相适应。统筹中等职业教育与高等职业教育发展。健全多渠道投入机制，加大职业教育投入。

把提高质量作为重点。以服务为宗旨，以就业为导向，推进教育教学改革。实行工学结合、校企合作、顶岗实习的人才培养模式。坚持学校教育与职业培训并举，全日制与非全日制并重。调动行业企业的积极性。

由此来看，高等职业院校既拥有普通高等教育的学历，也享受到国家对高等教育和职业教育的双重投入。身为高等职业院校一名学生的你，不仅将成长为高素质技能型人才服务于企业和社会，也将有机会继续深造提升学历水平，成为本领过硬的高素质专门人才和拔尖创新人才。

（三）高等职业技术教育与普通高等教育比较研究

目前我国正在加紧推进高等教育大众化进程，而加速高等职业教育的发展是实现高等教育大众化的主要途径。高等职业教育和普通高等教育有着许多相同的地方，如共同遵循教育的基本原则，共同追求培养社会主义的德智体美劳全面发展的建设者和接班人的总体目标，共同遵循着政策宏观调控与高校自主办学积极性相结合的原则，共同接受衡量教育教学质量的一个宏观标准。但高等职业教育与普通高等教育又有着明显的区别。

1. 高等职业教育与普通高等教育在人才培养上的区别

（1）源渠道上的区别　目前高职院校的生源来自于三个方面：一是参

加普通高考的学生，二是中等职业技术学院和职业高中对口招生的学生，三是初中毕业的学生；而普通高等教育的生源通常是在校的高中毕业生。

(2) 培养目标上的区别　普通高等教育主要培养的是研究型和探索型人才以及设计型人才，而高等职业教育则是主要培养既具有大学程度的专业知识，又具有高级技能，能够进行技术指导并将设计图纸转化为所需实物，能够运用设计理念或管理思想进行现场指挥的技术人才和管理人才。换句话说，高等职业教育培养的是技艺型、操作型的、具有大学文化层次的高级技术人才。同普通高等教育相比，高等职业教育培养出来的学生，毕业后大多数能够直接上岗，一般没有所谓的工作过渡期或适应期，即使有也是非常短的。

(3) 与经济发展关系上的区别　随着社会的发展，高等教育与社会经济发展的联系越来越紧密，高等职业教育又是高等教育中同经济发展联系最为密切的一部分。在一定的发展阶段中，高等职业教育学生人数的增长与地区的国民生产总值的变化处于正相关状态，高职教育针对本地区的经济发展和社会需要，培养相关行业的高级职业技术人才，它的规模与发展速度和产业结构的变化，取决于经济发展的速度和产业结构的变化。随着我国经济结构的战略性调整，社会对高等职业教育的发展要求和定位必然以适应社会和经济发展的需求为出发点和落脚点，高等职业教育如何挖掘自身内在的价值，使之更有效地服务于社会是其根本性要求。

(4) 专业设置与课程设置上的区别　在专业设置及课程设置上，普通高等教育是根据学科知识体系的内部逻辑来严格设定的，而高等职业教育则是以职业岗位能力需求或能力要素为核心来设计的。就高等职业教育的专业而言，可以说社会上有多少个职业就有多少个专业；就高等职业教育的课程设置而言，也是通过对职业岗位的分析，确定每种职业岗位所需的能力或素质体系，再来确定与之相对应的课程体系。有人形象地说，以系列产品和职业证书来构建课程体系，达到高等职业教育与社会需求的无缝接轨。

(5) 培养方式上的区别　普通高等教育以理论教学为主，虽说也有实验、实习等联系实际的环节，但其目的仅仅是为了更好地学习、掌握理论知识，着眼于理论知识的理解与传授。而高等职业教育则是着眼于培养学生的实际岗位所需的动手能力，强调理论与实践并重，教育时刻与训练相结合，因此将技能训练放在了极其重要的位置上，讲究边教边干，边干边学，倡导知识够用为原则，缺什么就补什么，实践教学的比重特别大。这样带来的直接效果是，与普通高等教育相比，高等职业教育所培养的学生，在毕业后所从事的工作同其所受的职业技术教育的专业是对口的，他们有较好的岗位心理准备和技术准备，因而能迅速地适应各种各样的工作要求，为企业或单位带来更大的经济效益。

2. 高等职业教育与普通高等教育在课堂教学评价上的区别

根据高等职业教育与普通高等教育在上述两个方面的明显区别，对二者在课堂教学评价问题上区别就容易得出答案了。从评价内容来看，普通高等教育重点放在教师对基础科学知识的传授之上；高等职业教育则主要放在教师对技术知识与操作技能的传授方面。从评价过程来看，普通高等教育主要围绕教师的教学步骤展开；高等职业教育则主要围绕学生的学习环节来进行。从评价者来看，普通高等教育主要是以学科教师为主；高等职业教育则主要以岗位工作人员为主。从评价方式来看，普通高等教育主要以同行和专家评价为主；高等职业教育则主要以学生评教为主。

（四）结论

（1）高等职业技术教育和普通高等教育都是高等教育的重要组成部分，二者只有类型的区别，没有层次的区别。因此，高等职业技术教育既是高等教育的一种类型，又是职业技术教育高层次。

（2）高等职业技术教育和普通高等教育在培养目标上有所区别：高等职业技术教育的培养目标是定位于技术型人才的培养；普通高等教育强调培养目标的学术定向性，而高等职业教育强调培养目标的职业定向性。普通高等教育培养的是理论型人才，而高等职业教育培养的是应用型人才。高等职业教育不仅需要学生掌握基本知识和理论，还需要学生提高实践能力。

（3）高等职业技术教育和普通高等教育在培养模式上有所差异：普通高等教育在人才培养模式中强调学科的"重要性"，注重理论基础的"广博性"和专业理论的"精深性"；专业设置体现"学科性"，课程内容注重"理论性"，教学过程突出"研究性"。高等职业技术教育则更为强调职业能力的"重要性"，注重理论基础的"实用性"；专业设置体现"职业性"，课程内容强调"应用性"，教学过程注重"实践性"。

（4）高等职业技术教育和普通高等教育在教学管理上有所不同：普通高等教育在教学管理中更注重稳定性、长效性和学术自主性。相对而言，高等职业技术教育则更强调教学管理的灵活性、应变性、多重协调性和目标导向性。

（5）普通高等教育需要的是基础理论扎实、学术水平高、科研能力强的教师队伍，高等职业教育需要的是既在理论讲解方面过硬，又在技艺和技能方面见长的"双师型"的教师队伍。

（6）高等职业技术教育和普通高等教育在生源、教育特色、实践能力等方面也存在一定差异。

二、我国大力发展高等职业教育

我国高等职业教育担负着培养适应社会需求的生产、管理、服务第一线应用性专门人才的使命，高等职业教育的改革发展对全国实施科教兴国战略和人才强国战略有着极为重要的意义。随着经济体制改革的不断深入和国民经济的快速发展，我国在制造业、服务业等行业的技术应用性人才紧缺的状况越来越突出，它直接影响了生产规模和产品质量，制约了产业的发展，影响了国际竞争力的增强。因此，国家十分强调要"大力发展高等职业教育"。

在过去的10年，我国高职教育规模得到迅猛的发展。独立设置院校数从431所增长到1184所，占普通高校总数的61%；2008年高职教育招生数达到311万人，比1998年增长了6倍，在校生近900万人，对高等教育进入大众化历史阶段发挥了重要的基础性作用。

2006年11月16日，中华人民共和国教育部颁布文件《教育部关于全面提高高等职业教育教学质量的若干意见》（教高〔2006〕16号）明确指出："高等职业教育作为高等教育发展中的一个类型，肩负着培养面向生产、建设、服务和管理第一线需要的高技能人才的使命，在我国加快推进社会主义现代化建设进程中具有不可替代的作用。"同时，开始实施被称为"高职211工程"的"国家示范性高等职业院校建设计划"，力争到2020年出现20所文化底蕴丰厚、办学功底扎实、具有核心发展力且被国外高等职业教育界广泛认可的世界著名高职院校；重点建设100所办学特色鲜明、教学质量优良在全国起引领示范作用的高职院校；重点建设1000个技术含量高，社会适应性强，有地方特色和行业优势的品牌专业。截至2008年，中华人民共和国教育部和财政部已经正式遴选出了天津职业大学、成都航空职业技术学院、深圳职业技术学院等100所国家示范性高等职业院校建设单位和8所重点培育院校。自此，我国高等职业教育和高职院校进入了一个前所未有的新的发展历史时期。

《中共中央关于制定国民经济和社会发展第十二个五年规划的建议》中提到"加快教育改革发展。全面贯彻党的教育方针，保障公民依法享有受教育的权利，办好人民满意的教育。按照优先发展、育人为本、改革创新、促进公平、提高质量的要求，深化教育教学改革，推动教育事业科学发展。全面推进素质教育，遵循教育规律和学生身心发展规律，坚持德育为先、能力为重，促进学生德智体美全面发展。积极发展学前教育，巩固提高义务教育质量和水平，加快普及高中阶段教育，大力发展职业教育，全面提高高等教育质量，加快发展继续教育，支持民族教育、特殊教育发展，建设全民学习、终身学习的学习型社会。"

《教育规划纲要》中也提出建立健全政府主导、行业指导、企业参与的办学机制，制定促进校企合作办学法规，推进校企合作制度化。鼓励行业组织、企业举办职业学校，鼓励委托职业学校进行职工培训。制定优惠政策，鼓励企业接收学生实习实训和教师实践，鼓励企业加大对职业教育的投入。

《国务院办公厅关于开展国家教育体制改革试点的通知》也提出改革职业教育办学模式，构建现代职业教育体系，提出了若干试点建设。其中天津分别被列入"建立健全政府主导、行业指导、企业参与的办学体制机制，创新政府、行业及社会各方分担职业教育基础能力建设机制，推进校企合作制度化"的试点城市；"开展中等职业学校专业规范化建设，加强职业学校'双师型'教师队伍建设，探索职业教育集团化办学模式"的试点城市；"探索建立职业教育人才成长'立交桥'，构建现代职业教育体系"的试点城市。

借助国家大力发展高等职业教育的东风，高职院校将优化资源配置、积极探索多样化的办学模式，促进教学改革和课程改革等。高职院校将有更多机会筹建各类实训基地、参与及组织各类职业技能竞赛，实现健全技能型人才培养体系，推动普通教育与职业教育相互沟通，相互借鉴，为学生提供更好的学习平台，提升学生的职业素养，与企业实现零距离接轨，更快的服务于区域经济发展。

三、专业、职业、工种、岗位的内涵

以工学结合为特色、以就业为导向、以服务为宗旨是高等职业院校的办学理念。鉴于此，学生入校以来就要和企业需求紧密结合。在入学之初，我们及早了解专业与职业、工种及岗位之间的联系，将更有利于开展今后的学习。

1. 专业

根据《普通高等学校高职高专教育专业设置管理办法(试行)》，由教育部组织制订的《普通高等学校高职高专教育指导性专业目录》（以下简称《目录》）是国家对高职高专教育进行宏观指导的一项基本文件，是指导高等学校设置和调整专业，教育行政部门进行教育统计和人才预测等工作的重要依据，也可作为社会用人单位选择和接收毕业生的重要参考。

其所列专业是根据高职高专教育的特点，以职业岗位群或行业为主兼顾学科分类的原则进行划分的，体现了职业性与学科性的结合，并兼顾了与本科目录的衔接。专业名称采取了"宽窄并存"的做法，专业内涵体现了多样性与普遍性相结合的特点，同一名称的专业，不同地区不同院校可以且提倡有不同的侧重与特点。《目录》分设农林牧渔、交通运输、生化与药品、资源开发与测绘、材料与能源、土建、水利、制造、电子信息、环保气象与安全、轻纺食品、财经、医药卫生、旅游、公共事业、文化教育、艺术设计传媒、公安、法律等。截止2012年，我国高职高专教育拟招生专业1073种，专业点51378个。

2. 职业

职业是参与社会分工，利用专门的知识和技能，为社会创造物质财富和精神财富，获取合理报酬，作为物质生活来源，并满足精神需求的工作。我国职业分类，根据我国不同部门公布的标准分类，主要有两种类型：

第一种：根据国家统计局、国家标准总局、国务院人口普查办公室1982年3月公布，供第三次全国人口普查使用的《职业分类标准》。该《标准》依据在业人口所从事的工作性质的同一性进行分类，将全国范围内的职业划分为大类、中类、小类三层，即8大类、64中类、301小类。其8个大类的排列顺序是：第一，各类专业、技术人员；第二，国家机关、党群组织、企事业单位的负责人；第三，办事人员和有关人员；第四，商业工作人员；第五，服务性工作人员，第六，农林牧渔劳动者；第七，生产工作、运输工作和部分体力劳动者；第八，不便分类的其他劳动者。在八个大类中，第一、二大类主要是脑力劳动者，第三大类包括部分脑力劳动者和部分体力劳动者，第四、五、六、七大类主要是体力劳动者，第八类是不便分类的其他劳动者。

第二种：国家发展计划委员会、国家经济委员会、国家统计局、国家标准局批准，于1984年发布，并于1985年实施的《国民经济行业分类和代码》。这项标准主要按企业、事业单位、机关团体和个体从业人员所从事的生产或其他社会经济活动的性质的同一性分类，即按其所属行业分类，将国民经济行业划分为门类、大类、中类、小类四级。门类共13个：①农、林、牧、渔、水利业；②工业；③地质普查和勘探业；④建筑业；⑤

交通运输业、邮电通信业；⑥商业、公共饮食业、物资供应和仓储业；⑦房地产管理、公用事业、居民服务和咨询服务业；⑧卫生、体育和社会福利事业；⑨教育、文化艺术和广播电视业；⑩科学研究和综合技术服务业；⑪金融、保险业；⑫国家机关、党政机关和社会团体；⑬其他行业。这两种分类方法符合我国国情，简明扼要，具有实用性，也符合我国的职业现状。

(1) 职业资格　职业资格是对从事某一职业所必备的学识、技术和能力的基本要求。

职业资格包括从业资格和执业资格。从业资格是指从事某一专业（职业）学识、技术和能力的起点标准。执业资格是指政府对某些责任较大，社会通用性强，关系公共利益的专业（职业）实行准入控制，是依法独立开业或从事某一特定专业（职业）学识、技术和能力的必备标准。

(2) 职业证书　职业资格证书是劳动就业制度的一项重要内容，也是一种特殊形式的国家考试制度。它是指按照国家制定的职业技能标准或任职资格条件，通过政府认定的考核鉴定机构，对劳动者的技能水平或职业资格进行客观公正、科学规范的评价和鉴定，对合格者授予相应的国家职业资格证书。

《劳动法》第八章第六十九条规定：国家确定职业分类，对规定的职业制定职业技能标准，实行职业资格证书制度，由经过政府批准的考核鉴定机构负责对劳动者实施职业技能考核鉴定。

《职业教育法》第一章第八条明确指出：实施职业教育应当根据实际需要，同国家制定的职业分类和职业等级标准相适应，实行学历文凭、培训证书和职业资格证书制度。

这些法律条款确定了国家推行职业资格证书制度和开展职业技能鉴定的法律依据。

(3) 职业资格等级证书等级　我国职业资格证书分为五个等级：初级工（五级）、中级工（四级）、高级工（三级）、技师（二级）和高级技师（一级）。

3. 工种

工种是根据劳动管理的需要，按照生产劳动的性质、工艺技术的特征、或者服务活动的特点而划分的工作种类。

目前大多数工种是以企业的专业分工和劳动组织的基本状况为依据，从企业生产技术和劳动管理的普遍水平出发，为适应合理组织劳动分工的需要，根据工作岗位的稳定程度和工作量的饱满程度，结合技术发展和劳动组织改善等方面的因素进行划分的。

例如，医药特有工种职业（工种）目录涉及化学合成制药工工种47种、生化药品制造工的生化药品提取工、发酵工程制药工微生物发酵工等6种、药物制剂工工种31种、药物检验工工种7种、实验动物饲养工药理实验动物饲养工、医药商品储运员（含医疗器械）工种5种、淀粉葡萄糖制造工工种12种。

4. 岗位

岗位，是组织为完成某项任务而确立的，由工种、职务、职称和等级内容组成。岗位职责指一个岗位所要求的需要去完成的工作内容以及应当承担的责任范围。

药事管理涉及药品注册、研究开发、生产、经营、流通、使用、价格、广告等方面，意味着在相应方面均有基层工作和管理、监督检查人员。每一环节均有其对应的岗位及岗位职责。

总体来看，选择学习了哪一专业，就意味着今后进入哪一行业，从事何种职业的机会更大一些。要积极面对专业课程的学习，同时寻求拓展专业知识的机会，有条件的基础上，可以自学其他专业的课程，增加自己的职场竞争力。

四、高等职业教育实行"双证书"制度

所谓双证书制，是指高职院校毕业生在完成专业学历教育获得毕业文凭的同时，必须参与其专业相衔接的国家就业准入资格考试并获得相应的职业资格证书。即高等职业院校的毕业生应取得学历和技术等级或职业资

格两种证书的制度。

高职学历证书与职业资格证书既有紧密联系，又有明显区别。高职学历教育与职业资格证书制度的根本方向和主要目的具有一致性，都是为了促进从业人员职业能力的提高，有效地促进有劳动能力的公民实现就业和再就业，二者都以职业活动的需要作为基本依据。但是，二者又不能相互等同、相互取代。职业资格标准的确定仅以社会职业需要为依据，是关于"事"的标准，主要是为了维护用人单位的利益和社会公共利益。学历教育与职业资格的考核方式也存在明显不同。职业资格鉴定只是一种终结性的考核评价，而学历教育既注重毕业时和课程结束时的终结性考核评价，更注重学习过程中的发展性评价。为了达到教育目标，学历教育可以采用标准参照，也可以采用常模参照，而职业资格鉴定仅采用标准参照。此外，职业资格鉴定要规定从业者的工作经历，而毕业证书的发放则要规定学习者的学习经历。

双证书制度是在高等职业教育改革形势下应运而生的一种新的制度设计，是对传统高职教育的规范和调整。实行双证书制度是国家教育法规的要求，是人才市场的要求，也是高等职业教育自身的特性和社会的需要。

1. 实行双证书制度是国家教育法规的要求

几年来国家在许多法规和政策性文件中提出了实行双证书制度的要求。1996年颁布的《中华人民共和国职业教育法》规定"实施职业教育应当根据实际需要，同国家制定的职业分类和职业等级标准相适应，实行学历证书、培训证书和职业资格证书制度。"并明确"学历证书、培训证书按照国家有关规定，作为职业学校、职业培训机构的毕业生、结业生从业的凭证。"1998年国家教委、国家经贸委、劳动部《关于实施〈职业教育法〉加快发展职业教育的若干意见》中详细说明："要逐步推行学历证书或培训证书和职业资格证书两种证书制度。接受职业学校教育的学生，经所在学校考试合格，按照国家有关规定，发给学历证书；接受职业培训的学生，经所在职业培训机构或职业学校考核合格，按照国家有关规定，发给培训证书。对职业学校或职业培训机构的毕(结)业生，要按照国家制定的职业分类和职业等级、职业技能标准，开展职业技能考核鉴定，考核合格的，按照国家有关规定，发给职业资格证书。学历证书、培训证书和职业资格证书作为从事相应职业的凭证。"《教育规划纲要》提到要增强职业教育吸引力，完善职业教育支持政策。积极推进学历证书和职业资格证书"双证书"制度，推进职业学校专业课程内容和职业标准相衔接。完善就业准入制度，执行"先培训、后就业"、"先培训、后上岗"的规定。

以上这些，为实行双证书制度提供了法律依据和政策保证。

2. 实行双证书制度是社会人才市场的要求

随着社会主义市场经济的发展，社会人才市场对从业人员素质的要求越来越高，特别是对高级实用型人才的需求更讲究"适用"、"效率"和"效益"，要求应职人员职业能力强，上岗快。这就要求高等职业院校的毕业生，在校期间就要完成上岗前的职业训练，具有独立从事某种职业岗位工作的职业能力。双证书制度正是为此目的而探索的教育模式，职业资格证书是高职毕业生职业能力的证明，谁持有的职业资格证书多，谁的从业选择性就大，就业机会就多。

3. 实行双证书制度是高职教育自身的特性

高等职业教育是培养面向基层生产、服务和管理第一线的高级实用型人才。双证书是实用型人才的知识、技能、能力和素质的体现和证明，特别是技术等级证书或职业资格证书是高等职业院校毕业生能够直接从事某种职业岗位的凭证。因此，实行双证书制度是高等职业教育自身的特性和实现培养目标的要求。

高等职业教育实行"双证书"制度主旨在于提高高职院校学生的就业竞争力，确保学生毕业后能够学有所有，大力服务于企业发展及社会主义经济建设。

五、高职毕业生，职场上的香饽饽

1. 全国就业整体形势

《国务院关于批转促进就业规划（2011～2015年）的通知》中对"十

二五"时期面临的就业形势做出明确阐述："十二五"时期，我国就业形势将更加复杂，就业总量压力将继续加大，劳动者技能与岗位需求不相适应、劳动力供给与企业用工需求不相匹配的结构性矛盾将更加突出，就业任务更加繁重。

2. 政策措施

（1）促进以创业带动就业　健全创业培训体系，鼓励高等和中等职业学校开设创业培训课程。健全创业服务体系，为创业者提供项目信息、政策咨询、开业指导、融资服务、人力资源服务、跟踪扶持，鼓励有条件的地方建设一批示范性的创业孵化基地。

（2）统筹做好城乡、重点群体就业工作　其中就明确要切实做好高校毕业生和其他青年群体的就业工作。

一方面继续把高校毕业生就业放在就业工作的首位，积极拓展高校毕业生就业领域，鼓励中小企业吸纳高校毕业生就业。鼓励引导高校毕业生面向城乡基层、中西部地区，以及民族地区、贫困地区和艰苦边远地区就业，落实各项扶持政策。

另一方面，鼓励高校毕业生自主创业、支持高校毕业生参加就业见习和职业培训。

3. 大力培养急需紧缺人才

"十二五规划"提出教育和人才工作发展任务创新驱动实施科教兴国和人才强国战略。其中提到促进各类人才队伍协调发展。涉及到要大力开发装备制造、生物技术、新材料、航空航天、国际商务、能源资源、农业科技等经济领域和教育、文化、政法、医药卫生等社会领域急需紧缺专门人才，统筹推进党政、企业经营管理、专业技术、高技能、农村实用、社会工作等各类人才队伍建设，实现人才数量充足、结构合理、整体素质和创新能力显著提升，满足经济社会发展对人才的多样化需求。

4. 高职生就业现状

在政策扶持下，高职高专院校就业率连年攀升。经过多年的发展，秉持着以就业为导向的办学目标，目前国内不少高职高专院校终于百炼成钢，摸准了市场的脉搏，按照市场需求培养的学生就成了就业市场上的"香饽饽"。

高职院校就业率高的主要原因在于培养的人才"适销对路"，职业能力强、专业对口人才紧缺、订单式培养是高职毕业生就业率走高的根本原因。各高职学院积极地与企业合作，根据市场需求进行课程开发；通过校企合作，企业把车间搬到学院，或者学生到企业以场中校的形式，把学生的实践环节做足做实，真正的与就业零距离接触。再者现在越来越多的用人单位讲究人才的优化配置，做到人岗匹配，对某些岗位来说，录用高职生比录用本科生可以花费更少的薪酬及培训成本，却能获得更好的用人效果。

很多高职学生通过在校期间参加各类实训、工学交替、订单培养班及技能大赛等，练就了一身本领，拿到了相关的职业资格证书，掌握了企业急需的专业技能，这些磨砺使企业看到了他们的价值，帮助他们确立了在企业中的工作岗位，有些甚至成为用人单位后备人才培养对象。

社会经济发展趋势及企业对技能型人才的需求越旺盛，高职毕业生的优势就越来越凸现，有些高职毕业生还没有毕业就被用人单位提前预订一空，有些在学期间就能拿着比不少本科毕业生还要高的薪水。

当然，高职毕业生不应满足于眼前的高就业率，更应为个人今后长期的职业发展，做出更好的规划，要不断的提升个人学历层次或是提升技能水平，以满足不断变化的市场需求，长期处于优势地位。

模块二 学技能，就业有实力

任务一 学技能，三年早知道

同学们选择了中药制药技术这个专业，对这个专业了解多少呢？选择这个专业是你的一时兴起，还是经过了深思熟虑呢？接下来的三年时间，你将如何度过呢？以下的阅读也许会对你有帮助。

一、中药制药技术专业概况

天津生物工程职业技术学院中药系的中药制药技术专业是学院的重点专业，于1988年开设，是全国较早开办该专业的学校之一，几十年来为医药行业培养了数千名中药制药生产、服务和管理一线的高素质劳动者和技能型人才，毕业生相继成为全国各中药制药企业一线的业务骨干。与全国同类学校相比，本专业的人才培养目标准确，办学条件优越，师资力量雄厚，治学严谨，管理严格规范，院内外的实训条件良好，学生毕业后就业率高，是全国相当有影响力的特色专业。

1. 人才培养目标

中药制药技术专业培养面向中药制药生产一线，具有扎实的中药基本理论和专业实践基本技能，具有能从事现代中药制药生产能力，能胜任中药制剂常见剂型生产的中药液体制剂工、中药固体制剂工、中药质检工等生产与管理、中药制剂质量控制等岗位的工作。能适应现代市场经济建设和社会发展需要的德、智、体、美等全面发展的高素质技能型专门人才。

2. 专业课程设置

该专业开设的主要专业课程有：中成药检测基础化学、中医基础、中药基础、制药识图、中药制剂前处理技术、机电一体化技术、中药制剂技术（包括中药丸剂生产技术、中药片剂生产技术、中药滴丸剂生产技术、中药软胶囊生产技术、中药酊剂生产技术）、中药制药设备、现代中成药检验技术、中药制剂技术轮岗实习/综合实训（包括中药丸剂生产、中药片剂生产、中药滴丸剂生产、中药软胶囊生产、中药酊剂生产）、顶岗实习。

3. 师资队伍

大学之大，不在于学校之大，而在于"明师"之多，强大的师资力量才能让专业站得住脚，才能让学生学有所成，而我院中药系中药制药技术专业恰恰拥有一支素质高、技能强、专兼结合的双师型教学"明师"团队。

中药系现有教师43名，专任教师29名（中药制药技术专业16名），兼职教师14人。在专任教师中，有硕士毕业生9人；本科毕业21人。其中高级职称11人，双师型教师15人。

同时，我专业还从与学院结合紧密的行业、企业聘请了生产一线技术和管理人员，承担实践技能课程和一部分选修课程，充实了教学队伍，很好的满足了专业的教学需要。

4. 实训条件

高等职业技术教育是一种以职业能力为基础的教育，其目标是培养适应生产、建设、管理一线需要的高等技术应用型专门人才，而实训基地是促进职业技术教育发展，培养适应现代化建设的技术型、应用型专门人才的关键。

那么，什么是实训基地呢？实训基地是由多个实验实训室组成的，用于在校学生通过工学结合学习实践技能的场所。实训基地分为校内实训基地和校外实训基地。校内实训基地是指其位置在学校内部的实训基地，校外实训基地是指通过校企合作建设成立的，位置在企业内部，用于在校学生学习实践技能的场所。

（1）我专业院内实训基地包括：中药炮制技术实训基地、中药提取技术实训基地、中药粉碎筛析技术实训基地、中药制剂技术实训基地等。各实训基地均具备实现仿真式与企业真实职场式相结合的实训模式的能力，另外还具有一批与中药制剂技术相关的实验室、实训室。

同时，我院其他专业的实训基地、实验室、实训室也与我专业资源共享，供同学们学习使用。

（2）我专业院外实训基地有：天津天士力之娇药业有限公司；天津市达仁堂达二药业有限公司；天津天士力药业有限公司；天津宏仁堂制药有限公司；天津隆顺榕制药有限公司；天津中新药业集团有限公司。

5. 人才培养规格

（1）基本素质

①思想政治素质：医药院校学生是我国未来医药卫生事业传承和发展的接班人。"健康所系、性命相托"的使命注定了你们要承担比其他大学生更加特殊而艰巨的责任。完成这样的使命，光靠扎实的专业知识是不够的，还需要具备坚定而高尚的思想政治素质。通过思想政治学习，运用马克思主义的观点、立场和方法对社会有一个全面而清醒的认识，从而能够在错综复杂的社会环境中保持清醒的头脑，自觉抵制各种腐朽思想的侵蚀，正确处理个人与社会、个人与他人的关系，树立坚定的共产主义信念，服务社会。

②身体心理素质：选择医药学作为专业，就意味着选择了繁重的学业、就意味着选择了夜以继日刻苦研究、也就意味着选择了将来随时随地争分夺秒抢救生命、高度紧张的生活。而这一切都势必要以强健的体魄作为基础。增加体育锻炼、增强身体素质迫在眉睫。

同时，具备心理健康方面的基本知识和良好的意志品质，有一定的自我心理调整能力，对胜利和成功有自制力，对挫折和失败有承受力。无传染病和精神病。

（2）职业素质

①职业思想素质：医药职业思想是以职业道德素质、团队精神、开拓

与创新精神、协调与服务精神等为核心内容的思想体系。

职业道德素质以爱岗敬业精神和奉献精神为核心，在实际工作中主要表现为热爱本职工作，辛勤耕耘、默默奉献，并能从职业活动中获得成就意识和满足感。

团队精神是指个人工作能力和团队工作能力的兼容性和协调，这就要求医药学生在学习阶段培养起良好的与他人合作的作风。在注重进行基本操作能力训练的同时加强团队合作意识的培养。

开拓和创新精神作为一种基本职业素质是时代精神的集中体现。开拓与创新精神也是现代社会对医药学生素质的基本要求。医药学生应积极更新知识，不断开拓创新，掌握新技术，开拓新领域，力求精益求精，努力成为技术过硬的优秀学生。只有具备了创新精神和能力，才能保持清醒的头脑、批判地接受的态度，辩证的看待各种事物，为医药行业的未来发展做出贡献。

组织管理其实质在于对组织内、外部各种关系、资源及利益的协调与平衡。因而协调精神是作为现代医药管理者必备的基本职业素质。而有管理就意味着要有服从，这就需要个体能树立整体意识和全局观念，使个人利益自觉地服从于组织的整体性发展。

②知识技能素质：医药大学生的知识结构包括三个层面：第一层面为基础层，由广泛的知识面以及现代工具性学科的知识和技能构成，包括计算机、英语、语文、信息检索、人文社科等基础知识；第二层为核心层，由从事职业工作所必备的专业知识和专业技能构成，包括具体的医药知识、设备知识、人文社会科学知识等；第三层为拓展层，指在运用已有的知识和技能，自觉地拓宽知识领域，增长技能的自学能力。

（3）能力要求

①计算机应用能力：能熟练使用相关专业软件，能熟练地在因特网上检索、浏览信息，下载文件，收发电子邮件。

②外语应用能力：可借助字典阅读英文专业资料及技术说明书；有一定的英语口语表达能力。

③语言文字表达能力：能针对不同场合，恰当地使用语言与他人交流；能有效运用信息撰写比较规范的常用应用文。如调查报告、工作计划、研究论文及工作总结等。

④信息处理能力：能制定调研计划、拟定调研提纲、规划调研步骤；准确收集相关技术信息，确定应用范围；对获取的相关信息，进行整理、分析和归纳。

⑤自我管理能力：确定符合实际的个人发展方向，并制定切实可行的发展规划、安排，学会有效利用时间完成阶段工作任务和学习计划；不断获得新知识、新技能来适应新的环境。

⑥岗位核心能力：具有熟练的中药制剂前处理操作技术、中药制剂技术、中药制剂检验技术等的中药制药技术专业操作技能和中药制药技术实验仪器、设备使用与保养技能，以及中药制剂生产管理的相关技能。

6. 就业方向

在中药制剂生产、中药原料和制剂的检验领域，需要中药制药技术专业毕业生的就业岗位如下。

（1）中药制剂生产企业的中药固体制剂工、中药液体制剂工、各种剂型制备工序的检验工。

（2）中药制剂生产企业的原料、各工序的半成品及成品的质量检验工作；中药材检验岗位、中成药验收岗位。

（3）此外，中药制药技术专业的毕业生还可在保健食品生产、检验岗位；化妆品生产检验岗位；食品生产、检验岗位以及医药行业与本专业相关的其他岗位就业。

7. 职业资格证

本专业实行学历证书与职业资格证书并重的"双证书"制度，强化学生职业能力的培养，依照国家职业分类标准，要求学生获得对其就业有实际帮助的职业资格证书（中级/高级）。学生应至少获得其中一种职业资格证书，方能毕业。具体工种可参见表2-1。

表2-1 部分职业资格证书一览表

序号	职业资格证书名称	等级要求
1	中药固体制剂工	中级／高级
2	中药检验工	中级／高级
3	中药液体制剂工	中级／高级
4	中药购销员	中级／高级
5	中药调剂员	中级／高级

本专业在教学过程中将岗位技能培训与考核的内容融于日常的教学中，第五、六学期分别进行中、高级工的考核。理论知识考试采用闭卷笔试或口试方式，技能操作考核采用现场实际操作方式；顶岗实习报告（论文）采用审评方式。考试成绩均实行百分制，成绩达60分为合格。

取得证书方式：由国家劳动部统一颁发。

二、 岗位能力分析与课程体系

1. 岗位能力分析

随着新医改的推进、国家相应的扶持政策以及中国人对中药的偏好，使得目前我国中成药产业始终保持着快速增长态势，2011年前三季度，国内医药产业累计完成固定资产投资1964亿元，同比增长40%，其中中成药制造业固定资产投资同比增长45%。随着《中药产业"十二五"发展规划》的出台，为使中成药打入国际市场，国家也在积极提高中成药产业的集中度、鼓励中成药产业资产重组，在此进程中，各中成药企业在做大做强的竞争中，急需大量面向中成药生产第一线的、技术过硬的技能型人才。

所以，我们专业老师通过对天津天士力制药有限公司、天津隆顺榕制药厂、天津中药六厂、天津乐仁堂制药厂、天津达仁堂制药厂等几家中药生产企业进行调研，在进行职业分析，在职业分析的基础上，对中药制药技术专业岗位群进行分析，梳理出本行业领域中主要职业岗位有：中药片剂生产制造人员、中药丸剂生产制造人员、中药软胶囊剂生产制造人员、中药滴丸剂生产制造人员、中药酊剂生产制造人员、中药散剂生产制造人员、中药颗粒剂生产制造人员、中药硬胶囊剂生产制造人员、中药糖浆剂生产制造人员、中药口服液生产制造人员、中药注射剂生产制造人员等。

由于中药制药技术岗位众多，通过企业调研、毕业生回访、与企业管理与技术人员交流等方式，选择中药片剂生产制造人员、中药丸剂生产制造人员、中药软胶囊剂生产制造人员、中药滴丸剂生产制造人员、中药酊剂生产制造人员五大岗位作为职业核心技能岗位，构建工作过程分析表（表2-2）。打造成《中药片剂生产技术》等5门课程的职业核心技能课程学习包，以此五门课程为主，形成具有本专业特色的基于工作过程的课程体系。

表2-2 中药制剂主要剂型生产工艺→生产岗位→工作过程分析表

剂型	制备工艺	生产岗位	工作过程
滴丸剂	药材处理→提取、纯化、浓缩→和药→滴制→包衣→检验→包装	前处理、粉碎、中药提取、滴制、质量检验、包装	中药前处理
丸剂	物料的准备→制丸块→制丸条→分粒及搓圆→干燥→整丸→检验→包装	前处理、粉碎、捏合、制丸、干燥、整丸质检、包装	生产前准备
片剂	物料的准备→制粒、整粒、干燥、混合→压片→检验→包装	前处理、配料、制粒、压片、包衣、质检、包装	中间体制备
胶囊剂	药材→浸提→纯化→浓缩→浸膏→填充→封口→质检→包装与贮存	前处理、中药提取、浓缩、填充、封口、质量检验、包装	制剂制备质量检验
酊剂	中药提取→纯化→配液→灌装→灭菌→检验	中药提取、配料、灌装、质量检验、包装、灭菌	包装

说明：本专业培养的学生应掌握滴丸剂、片剂、丸剂、胶囊剂、酊剂五种剂型的制备技术。

2. 课程体系

所谓课程体系，即一个专业所设置的课程相互间的分工与配合，构成课程体系。课程体系是否合理直接关系到培养人才的质量。我专业的课程体系（表2-3）主要是依据区域经济和企业发展岗位需求以及专业特色制定，并结合工作过程分解具体设置课程体系。围绕高素质技能型人才培养目标，综合考虑学生基本素质、职业能力与可持续发展能力培养，参照职业岗位任职要求，引入行业企业技术标准或规范，体现职业岗位群的任职要求、紧贴行业或产业领域的最新发展变化，并将职业素养培养贯穿于教学过程的始终。

表2-3　课程体系结构表

类型		相关课程	备注
公共基础课程	序号	入学教育	
	1	英语	
	2	形势与政策	
	3	高等数学	
	4	计算机应用基础	
	5	体育与健康	
	6	思想道德修养与法律基础	参照教育部有关文件执行
	7	毛泽东思想与中国特色社会主义体系概论	
	8	医药行业职业道德	
	9	与就业指导	
	10	医药行业社会实践	
	11	医药行业安全规范	
专业基础课程	12	医药行业卫生学基础	
	13	医药行业法律与法规	根据实际情况，一部分课程可在企业完成
	14	中成药检测基础化学	
	15	中医基础	
	16	中药基础	
	17	制药识图	

类型	序号	相关课程	备注
专业基础课程	8	中药制剂前处理技术	根据实际情况，一部分课程可在企业完成
	19	机电一体化技术	
专业核心课程	20	中药制剂技术 1 ——中药丸剂生产技术 中药制剂技术 2 ——中药片剂生产技术 中药制剂技术 3 ——中药滴丸剂生产技术 中药制剂技术 4 ——中药软胶囊生产技术 中药制剂技术 5 ——中药酊剂生产技术	
	21	中药制药设备	
	22	现代中成药检验技术	
选修课程	23	大学生礼仪	根据实际情况，一部分课程可在校外实训基地完成
	24	艺术欣赏	
	25	应用文写作	
	26	中药识别技术（一）	
	27	中药识别技术（二）	
	28	中药调剂技术	
	29	中药炮制技术	
	30	中成药应用技术	
	31	中药化学应用技术	
技能训练课程	32	中药制剂技术 1——中药丸剂生产轮岗实习／综合实训 中药制剂技术 2——中药片剂生产轮岗实习／综合实训 中药制剂技术 3——中药滴丸剂生产轮岗实习／综合实训 中药制剂技术 4——中药软胶囊生产轮岗实习／综合实训 中药制剂技术 5——中药酊剂生产轮岗实习／综合实训	在企业完成
	33	顶岗实习	

三、学期安排、课程学习与技能提高

1. 学期安排

（1）第一、二学期　完成公共基础模块的教学。基础课程以"必需、够用"为度，以基本技能培养为目的，分为学院公共基础课、行业公共基础课和专业基础课，使学生具备较强学习能力和接受新技术的能力。依托校内外实训基地，通过企业认知实习，为培养学生中药制药技术应用能力打基础。

第一学年的课程主要集中在公共基础模块，分为学院公共基础课程和行业公共基础课程。

学院公共基础课程主要有：大学生心理健康、毛泽东思想和中国特色社会主义理论体系概论、英语、计算机基础、体育、医药行业职业道德与就业指导、医药行业社会实践等课程。学院公共基础课程的设置主要是使学生掌握大学生应具有的基本能力和职业素养。

行业公共基础课程主要有：医药行业安全规范、医药行业卫生学基础、医药行业法律与法规。通过这些课程的学习，应掌握进入本行业应该具备的基本职业知识、能力和职业素养。

专业基础课程在第一学期会开设中成药检测基础化学、中医基础，第二学期继续开设中成药检测基础化学和中药基础。

（2）第三、四学期　完成专业技术模块的学习，采校内实训与校外实训相结合、校内一体化教室和校外企业实验室相结合、校外实训和校内学做一体，分阶段交替进行的方式，完成中药制剂技术（中药制剂技术1——中药丸剂生产技术、中药制剂技术2——中药片剂生产技术、中药制剂技术3——中药滴丸剂生产技术、中药制剂技术4——中药软胶囊生产技术、中药制剂技术5——中药酊剂生产技术）、现代中成药检验技术岗位以及中药制药设备使用与维护、生产管理的岗位职业能力的培养。

第二学年的专业技术模块课程分为专业基础课和专业核心课。专业基础课有：制药识图、中药制剂前处理技术、机电一体化技术。专业核心课

有：中药制剂技术1——中药丸剂生产技术、中药制剂技术2——中药片剂生产技术、中药制剂技术3——中药滴丸剂生产技术、中药制剂技术4——中药软胶囊生产技术、中药制剂技术5——中药酊剂生产技术、中药制药设备、现代中成药检验技术。

（3）第五、六学期　通过第五学期在相应中药制药企业完成中药制剂技术中五门子课程(中药丸剂生产、中药片剂生产、中药滴丸剂生产、中药软胶囊生产、中药酊剂生产）轮岗实习（或在校内完成相应的综合实训)，第六学期顶岗实习与就业岗位相结合，在对口岗位强化对中药制药技术能力的培养，实现专业教学与企业生产融合。教师与学生参与企业生产实践过程，企业技术骨干参与人才培养过程，学校老师和企业工程技术人员对学生共同指导、管理和考核，将诚信教育、爱岗敬业等职业道德与素质教育融入人才培养过程。

2. 主要课程简介

（1）行业公共基础课

①医药行业安全规范　本课程教学内容包括医药行业防火防爆防毒安全生产管理、医药行业电气安全管理和医药行业职工健康保护三方面的知识。通过本课程的学习，学生可以提高安全生产的意识并具备一定的安全防护和急救技能。

②医药行业卫生学基础　本课程教学内容包括微生物基础知识、药品生产过程中卫生管理知识和要求、药品制造车间的洁净区作业知识以及医药行业常用的消毒灭菌技术。通过本课程的学习，使学生掌握GMP对制药卫生的具体要求和基本技能并具备药品生产企业的生产和卫生管理等能力；使学生具备运用消毒和灭菌技术对制药环境、车间、工艺、个人卫生进行管理的能力；培养学生养成遵纪守法、善于与人沟通合作、求实敬业的良好职业素质。

③医药行业法律与法规　本课程面向全院各专业，采用宽基础、活模块的形式，教学内容包括基础项目和选学项目，通过本课程基础项目的学习使学生了解我国药事管理的体制和基本知识，同时使学生了解我国医药

行业的各类法律法规，并重点了解《药品生产质量管理规范》(GMP),《中药材生产质量管理规范》(GAP)、《药物非临床研究质量管理规范》(GLP)、《药品经营质量管理规范》(GSP)。学生可根据专业需要选择相应的选学项目进行学习,有针对性地对GMP、GLP、GSP进行系统的学习,为从事医药行业的各项药事工作奠定基础。

④医药行业职业道德与就业指导　本课程教学内容包括医药行业企业认知、职业道德基本规范、医药行业职业道德规范及修养、职业生涯规划设计、中外大学生职业生涯规划对比、树立正确的就业观、求职准备、就业有关制度法律等内容。通过认知医药行业企业的特点、强化医药行业职业道德规范的重要性,正确教育和引导学生职业生涯发展的自主意识,树立正确的择业观、就业观,促使大学生理性地规划自身未来,促进学生知识、能力、人格协调发展,达到学会做人、学会做事,把不断实现自身价值,与为国家和社会做出贡献统一起来。

⑤医药行业社会实践　本课程教学内容包括大学生社会实践概论、大学生社会实践类型及组织、大学生社会实践设计、大学生社会实践的常识和方法、大学生社会实践常用之书五个项目,为突出学生实践技能的培养与锻炼,每个项目都安排了实际演练题目,使大学生不仅掌握实践理论知识,更懂得如何将理论付诸实践。

大学生参加社会实践活动能够促进他们对社会的了解,提高自身对经济和社会发展现状的认识,实现书本知识和实践知识的更好结合,帮助其树立正确的世界观、人生观和价值观。也对未来能在所任职的岗位上发挥青年才智具有重大推动作用。为此在学生未正式走上工作岗位之前,对学生进行社会实践教育是非常重要的。

（2）专业课

①中医基础　中医基础是中药系的公共课程,是中药制药技术专业的专业基础课程,也是中药行业的从业人员必备的基本技能之一。本课程的教学任务要求学生通过学习中医基础理论中的阴阳五行、藏象、气血津液、经络、病因病机、辨证、防治原则等内容,掌握中医理论的基本特点

及基础知识，为后续课中药基础、方剂与中成药、现代中成药检验技术、中药制药技术等课程的学习做好知识与技能的准备。

②中成药检测基础化学　中成药检测基础化学是中药制药技术专业的专业基础课。通过本课程的学习，使学生掌握无机化学、有机化学、分析化学的基本概念和基本理论，掌握重要的无机物的性质、用途和分析方法，掌握有机化合物的结构、官能团和理化性质及它们之间的关系和变化规律，掌握中药中生物碱、黄酮、皂苷、蒽醌、挥发油等重要化学成分的性质、结构。学习一些化学基本仪器的使用和操作技术。掌握定量分析的基本操作技能，能正确进行分析结果的数据处理和计算。通过严格的无机、有机、分析化学的基本操作，培养学生具有分析处理一般化学问题与实验操作的能力。为中药化学应用技术、现代中成药检验技术等课程的学习奠定基础。

③中药基础　中药基础是中药系的公共课程，是中药制药技术专业的专业基础课程，也是中药行业的从业人员必备的基本知识之一。本课程的教学任务要求学生掌握中药的四气、五味、升降浮沉、归经、配伍、配伍禁忌等中药学基本理论，能够识别180种常用中药饮片，掌握180种常用中药的分类、功效和基本用法，使学生达到中药购销员《国家职业标准》中规定的五级（初级工）职业技能要求。

④制药识图　制药识图是中药制药技术专业的专业基础课。本课程重点介绍制药生产中常用的识图技术，突出实用性和动手能力。制药识图课程旨在培养中药制药技术专业学生掌握绘图的基本知识（国家制图基本规定和投影基础），还包括常用制药设备图、制药工艺流程图、制药车间设备布置图、电气读图简介等。同时在实践教学中使学生掌握制药设备的认识、绘图技能训练、设备简图绘制、流程图的绘制、设备布置图的绘制、电气读图训练。

⑤中药制剂前处理技术　中药制剂前处理技术是中药制药技术专业的一门重要专业基础课程。本课程以中药炮制、中药化学、中药制药设备、药品生产质量管理、安全生产管理等基本理论和技术为基础，以工业化的

中药前处理生产过程为主线，以岗位的基本技能训练为目的，以GMP要求和产品质量为考核标准，在《药品生产质量管理规范》（GMP）指导下，对学生进行中药前处理岗位技能的培养。

本课程分为中药前处理生产质量管理、中药饮片生产、中药制剂中间体生产、中成药生产前处理四大模块，包含中药净制、切制、炒制、炙制、煅制、蒸、煮、燀制、粉碎、筛分、混合及提取、过滤、醇沉、浓缩、干燥等关键岗位单元操作技术。

⑥机电一体化技术　机电一体化技术课程是中药制药技术专业的专业基础课。本课程主要是使学生掌握电气知识（包括：直流电路、交流电路、磁路和变压器、三相异步电动机基本控制系统、常用低压电器、电工测量与安全用电、过程检测仪表），机械知识（包括：机器的特征和组成、机械常用金属材料及热处理、金属材料的力学性能及工艺性能、常用机构、铰链四杆机构的基本类型和应用、凸轮机构、轴系零件及机电设备故障诊断与维修常识）。同时在实践教学中使学生掌握导线的连接、塑料护套线配线、管线配线、配电箱电器元件安装、荧光灯线路的安装、三相异步电机Y/Δ起、三相异步电机正、反转实验、三相异步电机顺序起动、能耗制动、轴系零件轴承、联轴器和离合器认识及拆装、典型零件的修理、机械设备的装配方法、自行车拆装训练实验、机电设备故障诊断训练、机电设备维修技能训练等知识和技能。

⑦中药制药设备　中药制药设备是中药制药技术专业的专业核心技术课程。通过本课程的学习，使学生在制药识图和机电一体化技术的基础知识上掌握根据生产工艺要求绘制工艺流程图；掌握中药制药的通用设备和各剂型专用设备的结构、工作原理、安装、使用维护及维修。

⑧现代中成药检验技术　现代中成药检验技术是中药制药技术专业的专业核心技术课程，也是本专业的主要技能培训课。通过本课程的学习，使学生掌握现代中成药检验的基础知识、中药制剂质量标准和各类中药剂型的常规质量检验和卫生学检查技术；掌握中药制剂原料、辅料、包装材料等物品的常规质量检验技术；能正确使用并维护中药制剂分析检验常用

的仪器和设备。从而使学生达到中药液体制剂工、中药固体制剂工、中药检验工、中药购销员的《国家职业标准》中规定的职业技能要求。

⑨中药制剂技术　中药制剂技术是中药制药技术专业的专业核心课程，也是中药行业一线从业人员必备的职业技能。本课程的教学任务要求学生掌握中药制剂中剂型选择的基本原则和各剂型的特点、制备原理、制备工艺操作。使学生达到中药固体制剂工、中药液体制剂工、中药检验工、中药购销员的《国家职业标准》中规定的职业技能要求。

⑩中药制剂技术轮岗实习/综合实训　根据行业需求，在相对应的企业中完成五剂型（片剂、丸剂、滴丸剂、软胶囊、酊剂）轮岗操作、现场教学，完成岗位技能训练模块教学。包括：药品管理法及实施办法等法规知识（结合药品质量事件事例）、产品质量法相关知识、GMP规范相关知识、制药卫生知识（包括物料、人员、地漏清洁，空气净化、工业用水制备等）、安全消防知识、制药工艺知识、中药制药企业规章制度、岗位标准操作规程/设备规程（SOP）、生产/检验记录等。学生通过实践实习，直接参加劳动，巩固、总结、丰富所学专业知识，使理论联系实际，培养学生独立开展调查研究，综合利用所学的知识分析、解决实践中的某些实际问题。

通过本课程的学习，使学生尽快适应岗位及提高就业竞争力，缩短企业岗前培训的时间，本课程选择有代表性的中药制药企业进行实习，具体安排视情况而定。学院内具有同等实训接待能力的实训基地。

⑪顶岗实习　通过到企业顶岗实习，进一步巩固所学各门课程的基础知识和基本技能，培养学生综合运用理论知识和实践技能的能力，掌握中药制剂前处理操作技术、中药制剂技术、中药制剂检验技术等的中药制药技术专业操作技能和中药制药技术实验仪器、设备使用与保养技能，以及中药制剂生产管理的相关技能。使学生在实习期内就能完成理论与实践相结合，缩短就业后参加工作的磨合期，实习完成后，在指导教师指导下完成毕业论文(设计)并通过论文答辩。

（3）选修课

①大学生礼仪　主要内容包括公共关系概论、公共关系的产生与发展、公共关系的构成要素、公共关系人员与结构、公共关系的工作程序、公共关系礼仪、公共关系语言、公共关系策略、公共关系专题活动等。

②艺术欣赏　在本课程的学习中，使学生的感官接触到艺术作品产生审美愉悦，对艺术作品的"接受"——感知、体验、理解、想象、再创造等综合心理活动得以升华。

③应用文写作　本课程简明扼要的介绍应用写作的基本知识——立意、选材、语言、修改，并具体介绍了公文、实务类文书、礼仪文书、论文写作、电子类文书等应用文件的概念、格式、写作要求，详细介绍药学工作类应用写作、公文类应用写作、论文写作、电子类应用写作等。

④中药识别技术　本课程是中药制剂专业的选修课，也是中药行业的从业人员必备的基本技能之一。本课程主要内容是培养学生熟练鉴别400种常用中药材及中药饮片以及性状相似中药饮片的异同点。本课程教学场所有校内实训基地、中药标本馆和中药认药实训室。

⑤中药调剂技术　中药调剂技术是中药制药技术专业的选修课程。是中药饮片调配人员必备的职业技能，也是中药调剂员《国家职业标准》中规定从事中药调剂职业的高级工必须掌握的职业技能。本课程的教学任务重在训练学生掌握中药饮片的处方调配、销售及服用等相关理论与操作技术。使学生掌握中药调剂员的职责与道德规范、中药标准、中药管理、中药处方、中药配伍及禁忌、中药的合理用药与不良反应。

⑥中药炮制技术　中药炮制技术是中药制药技术专业的选修课程，是一门操作性、实践性很强的应用学科。本课程的教学任务是使学生掌握中药炮制基本理论(炮制目的、炮制对药物的影响、炮制与临床疗效)，要重点掌握常用的炮制方法与操作技能（常用中药和有毒中药的炮制），炮制常用辅料的性质和作用，炮制品的鉴别、质量标准。

⑦中成药应用技术　本课程是中药制药技术专业的选修课。主要内容包括：方剂和中成药的基本理论、常用中成药的组成、方解、功能主治、

用法用量和使用注意事项。根据本专业人才培养目标，突出常用的中成药应用特点，通过本课程的教学，使学生掌握方剂和中成药的基本理论和基础知识，了解中医的治疗大法、组方原则，掌握20首典型方剂的组成、功用加减变化规律，200种常用中成药的功效特点。培养学生分析问题和解决问题的能力。

⑧中药化学应用技术　中药化学应用技术是中药制药技术专业的选修课程。本课程的教学任务要求学生掌握中药化学成分的主要性质，提取、分离、纯化的理论和方法，为能全面学习现代中成药检验技术和中药制药技术打下基础。

3. 学习方法

通过前面的介绍，同学们已经了解了中药制药技术专业课程设置是沿着课程主线——依次为专业基础技术课程、专业核心技术课程和岗位综合实训展开的，基本表现为由基础到专业、由理论到实践、由浅入深的变化规律。因此，学生的专业课程学习也应分为专业基础课、专业课和实践环节三个阶段。各阶段的课程特点不同，因此应采用不同的学习方法进行学习，以达到提高学习质量的目的。

（1）专业基础技术课程　中药制药技术专业的专业基础技术课程主要有：中成药检测基础化学、中医基础、中药基础、制药识图、中药制剂前处理技术、机电一体化技术。本阶段的学习特点是：学生对本专业的基本理论、基本概念初次接触，是一个由不了解到了解的过程，因此，本阶段的学习任务是让同学们深入认识本专业的特点，扎实掌握基本的理论知识，为以后的学习打好基础。

根据本阶段的课程特点可以综合采用以下几种学习方法。

①搞好课前预习　课前预习是学好专业基础技术课程的一个重要环节，在预习过程中，可以发现难点，在听课时就会更加集中注意力，可以把自己对知识的理解与教师对知识的讲解作对比，有助于思维发展，进一步掌握知识的实质，从而提高听课效果。

②要学会作笔记　作笔记是高职高专院校学习与中学学习的一个主要

区别。在中学学习阶段，学生可能还没有很好地养成记笔记的习惯，任课教师与学生联系接触几乎是随时的；然而到高职高专院校以后，教师的授课方式发生了变化，和学生相对接触变少，学生在课堂上就要多记一些学习笔记，老师讲的重点、难点尤其是老师讲的课外内容更要记在笔记上，以便课后复习，掌握学习重点，这样会大大提高课堂学习效率。

③及时做好复习　中医药理论中有大量概念需要记忆，因此，做好课后的及时复习很有必要，课后复习总是和做习题联系在一起的，要求学生在做作业前，首先要回忆所学内容，回忆有关的概念、理论、中药材的性状特点等，然后再做习题。要养成先复习、后做作业的习惯。课后认真复习，可以加深和巩固对所学新知识的理解和记忆，能系统掌握新知识且有助于灵活运用，这样就会不断提高分析问题和解决问题的能力。对做错的题一定要及时纠正，找出原因，如果一知半解就会影响后面知识的学习，作业一定要独立思考、独立完成。要摆脱只听老师讲课而课后不认真看书复习的作法。

④加深知识理解　学习知识要善于思考，要找出所学知识之间的相互联系，并围绕一条主线把这些知识串联起来，最后，还要把它和以前的知识联系起来，找出它们的内在联系，通过这样一番思考，把老师讲授的或从书本上得到的知识加以去粗取精、由浅入深、由表及里的消化过程，这样不仅把原来零碎的、分散的知识条理化了，而且排除了一些不必要的东西，贮进脑子中的知识就更精炼了。要勤于思考，善于总结，不要盲从于教材和老师，要善于对所学知识进行系统归纳，找出规律，把解决同一类问题的知识和解题方法串联起来。经常进行积极的思考，逻辑思维能力就会得到发展，解决实际问题的本领必然得到提高。

⑤学会读教科书、使用参考书　课本是不会说话的老师，我们要好好利用这个老师，养成良好的习惯，掌握学习的主动权。重点知识可以在书上批、划、圈。这样做不但有助于理解课本内容，而且有助于分清主次，读书时要多问些为什么，形成独立思考、独立解答的良好习惯。每学完一个单元要及时进行归纳总结，前后融会贯通，使知识系统化。同时，现代

信息技术非常发达，中药制药技术专业方面的教学参考书和参考资料都很齐全，学生在课余时间，可以到网上找各种参考书解决有关问题，培养学习兴趣、开发学习潜能。

（2）专业核心技术课程　中药制药技术专业的专业核心技术课程主要有：中药制剂技术1——中药丸剂生产技术、中药制剂技术2——中药片剂生产技术、中药制剂技术3——中药滴丸剂生产技术、中药制剂技术4——中药软胶囊生产技术、中药制剂技术5——中药酊剂生产技术、中药制药设备、现代中成药检验技术。本阶段的学习特点是：学生对本专业的基本理论、基本概念有了一定的了解，但对本专业的系统理论、专业理论、实践技能还需进一步学习提高。因此，本阶段的学习任务是让学生全面系统地学习本专业的理论知识、实践技能，让学生在学习过程中产生兴趣，找准出路，为以后的就业打下坚实基础。

本阶段的学习可以综合采用以下几种学习方法。

①注重实践操作，加强操作的规范性。

中药制药技术专业是非常注重实践操作的一个专业。要想在本专业上有所建树，就必须有熟练和规范的实际操作技能。这样就要求同学们在今后的学习中不仅要重视每次的实验实践机会，多观察、多思考、多提问、多动手操作；而且要珍视每次到企业实习的经历，感受真实的工作环境，在做中学，在学中做，不断提高自己的专业技术水平和专业技能。通过实践，不仅能够帮助同学们加深基本理论知识的理解和掌握，而且能培养观察、思维能力、动手操作能力和创造能力。

另外，中药制剂技术操作的规范性也是要重点注意的问题。加强操作的规范性有助于同学们知识的掌握和能力、情感态度与价值观的培养，有助于提高学习效率和保证实践安全。要做到规范的操作，首先要提前预习，将实践步骤由繁化简，再抓住每一步的关键，并在每个实践步骤中规范操作，这样才可以收到好的实验效果；其次，注意听老师讲如何做实训，看老师示范的过程；最后，要注意实训过程的观察与分析，认真进行记录，总结和反思自己的实践操作过程和结果，并进行讨论。

②培养学习兴趣，加强工具、仪器、设备的运用技能。

理论的生命在于实践，脱离了实践，理论就失去了意义。把实践作为学习掌握中药制剂技术的重要途径是行之有效的。通过对中药剂型的制剂操作、检验、设备的使用，使学生既尝到了掌握技术的甜头，又产生了学习动力，从而有了提高学习理论的欲望和学习的自觉性。经过一步步的深化训练，产生良性循环，提高了学生学习兴趣。

（3）岗位综合实训　实践环节的主要内容有中药制剂技术1——中药丸剂生产轮岗实习/综合实训、中药制剂技术2——中药片剂生产轮岗实习/综合实训、中药制剂技术3——中药滴丸剂生产轮岗实习/综合实训、中药制剂技术4——中药软胶囊生产轮岗实习/综合实训、中药制剂技术5——中药酊剂生产轮岗实习/综合实训和顶岗实习。本阶段的学习特点是：学生已经系统学习了专业基础课和专业课，但知识、技能还停留在单一的层面，需要在岗位综合实训环节的学习中达到学以致用。本阶段的学习任务是培养学生的知识应用能力和实际动手能力。通过本阶段的教学要使学生能够具备基本的职业素质，以适应今后工作的需要，因此，岗位综合实训环节是高职学生最重要的学习阶段。

本阶段的学习可以综合采用以下两种教学方法。

①协作法：实践环节的课程任务通常是以小组而非个人独立工作的形式来进行，因此协作是实践环节学习的重要特点。提倡同学们"个性化"的学习，主张以学生自主思考，自行讨论为主，教师指导为辅，学生通过自主思考和团队配合完成教学项目，能有效调动学习的积极性，既学习了课程，又学习了工作方法，能够充分发掘学生的创造潜能，也培养了学生的团队协助工作能力，提高了学生解决实际问题的综合能力。

②拓展法：中药制药技术发展日新月异，技术含量不断提高。因而我们的知识必须不断更新，才能紧跟时代潮流。没有坚实的理论基础，就不可能跟上中药制药技术发展的步伐，要想在同行业中所向披靡，必须做到多观察、多收集。广泛收集各种书籍、中药产品说明书；多观察各种新上市的中成药，了解其使用方法和注意事项，以便更好地了解中药制剂原理

与生产方法。为自己在中药制药技术方面提高技能打下坚实基础，需要继续学习，提高自己的素质以不变应万变，来适应时代发展的需要。

 **知识链接**

大学生应该怎样学习

中国教育科学研究院　王春春

　　大学生的主要任务之一就是掌握扎实的专业知识，现代社会的一个重要特征就是各种信息浩如烟海，知识更新速度可谓日新月异，大学生如果不主动学习，不懂得鉴别，也不善于更新知识，则很快会被时代淘汰；而要想在有限的大学四年里掌握所有的学科专业知识，则既不现实，也不可能。因此，大学生尤其需要利用宝贵的大学时光，有方法、有选择、有鉴别地、有系统地汲取知识，并将知识内化为能力和素质，为日后的可持续发展奠定坚实的基础。

　　大学和中学的教育性质本来就有很大不同，因此，必须根据大学的教育规律来选择合适的学习方法。上中学时，老师会不断重复每一课的关键内容，但进入大学后，更多的却是"师傅引进门，修行在个人"，也就是说，课堂教学往往是提纲挈领式的，老师只是"引路人"，在课堂上只讲难点、疑点、重点或者是其最有心得的一部分，大学生惟有主动走在老师的前面，自主地学习、思考、探索和实践，培养和提高自学能力，才能在课堂上获得最大的收获。这难免意味着大学生的课外学习任务更重，但是，大学生的学习能力也正是在这个过程中得到提高的。

　　与高中时代单纯的学习时光相比，大学生活更加丰富多彩，大学生不仅要学习，还要参加各种实践活动，用于学习的时间和精力确实相对有限，但与此同时，大学生可以自己支配的时间也更多了，因此，科学的安排好时间对成就学业非常重要。吴晗在《学习集》中说："掌握所有空闲的时间加以妥善利用，一天即使学习一小时，一年就积累365小时，积零为整，时间就被征服了。想成事业，必须珍惜时间。"华罗庚也曾说"时间是由分秒积成的，善于利用零星时间的人，才会做出更大的成绩来"。

学过的知识的确会随着时光的流逝而被遗忘，但是，如果能够将知识消化、吸收，并内化成为自己的能力和素质，那么知识的恒久价值便会体现出来。微软公司曾做过一个统计：在每一名微软员工所掌握的知识内容里，只有大约10%是员工在过去的学习和工作中积累得到的，其他知识都是在加入微软后重新学习的。由此可见自学能力对个人持续发展的重要性，但这并不是说学校学习的知识不重要，恰恰相反，这种自学能力是通过学校学习获得。因此，大学生不仅要学习知识，还要下苦功夫学习，要学会举一反三；不仅要善于向他人学习，更要学会自学，学会无师自通。

"宝剑锋从磨砺出，梅花香自苦寒来"。打基础是需要下功夫的，要相信：今天的努力是不会白费的。

（摘自中国高职高专教育网）

 测一测

学习习惯小测试

下面有一组关于学习习惯的小测试，你做过之后，就知道自己的学习习惯好不好。请回答是或者否。

1. 你通常在平静或愉快的心情下开始学习吗？

2. 在老师没有要求的情况下，你有时也阅读课外书吗？

3. 你常看当地的日报或晚报吗？

4. 你是否在每学期初就给自己制订一个学习计划？

5. 对每天（包括休息天）的学习、工作和生活你有一个总体安排吗？

6. 如果你没有特殊的理由，你是否坚持按自己的学习计划去做？

7. 重要考试之前，你是否要制订一个复习计划？

8. 上课时，你基本能做到聚精会神吗？

9. 自学时，你通常能保持专心致志吗？

10. 上课时，你能认真做笔记吗？

11. 你是否会在课后或考试前重新整理那些比较潦草或不够完整的笔记？

12. 看课外书时，你是否作一些摘记？

13. 看完课外书后，你有时也写一些心得或随感吗？

14. 你经常使用如词典、百科全书之类的工具书吗？

15. 你喜欢阅读高深的课外书吗？

16. 你常把在书中看到的有意思的事，讲给同学或父母听吗？

17. 你常与同学争论（或讨论）学习上的问题吗？

18. 你能够见缝插针，利用点滴时间学习吗？

19. 你把看书看成是生活中不可缺少的组成部分吗？

20. 你是否常常一边看电视或听收音机（录音机）一边学习？

21. 在学习新功课之前，你是否会翻阅一下先前学过的内容以便能更快地领会新知识？

22. 在老师讲新内容之前，你是否会事先预习一下这部分内容？

23. 你通常需要一定的压力才能学习吗？

24. 你常常带着"某些内容仅仅记到考试时别忘"的想法学习吗？

25. 对要记的内容学到刚刚能正确背诵时，有时你是否还会再背几遍，以便使自己记得更牢？

26. 你是否利用某课程所学的知识，来理解其他学科的东西？

27. 生活中，你是否利用了在书中学到的某些知识？

28. 好几次你到了教室才发现忘了带所需的课本、笔等学习用品吗？

29. 当你在学习中遇到了无法解决的问题，你是否会询问老师或同学？

30. 对老师布置的作业，你是在弄懂的基础上加以完成的吗？

31. 你是否有时不能按时完成作业或匆匆忙忙应付一下便交上去？

32. 你总是在完成作业后才做其他事情吗？

33. 有时你坐下来做家庭作业时才意识到，自己对作业究竟是哪几题还不清楚吗？

34. 当你坐下来看一会书以后，你总是感到想睡觉了吗？

35. 你喜欢在书中用画线等方法标出重点或难点吗？

36. 你是否有定期复习的习惯？

37. 你是否常常到临考前一个晚上才对要考的几门功课进行突击？

评分：第20、23、24、28、31、34、37题答"是"记0分，答"否"记1分。其余各题答"是"记1分，答"否"记0分。

结果：

总分0~12分：你的学习习惯不好。想必你的学习效果也不好。

总分13~28分：你有一些不好的学习习惯。如果你能改掉这些坏习惯，你的学习成绩肯定能上一个台阶。

总分29~37分：你的学习习惯总的来说是好的，请坚持下去。

（摘自http://www.xgedu.cn/news/2011108/n521829920.html）

4. 成绩评价

生物实验技术专业的成绩评价有别于传统的考试考查方法，采用阶段评价、目标评价、项目评价、理论与实践一体化评价模式。注重过程评价，弱化评价的选拔性、鉴别性，强化评价的引导性、激励性，充分调动学生学习的积极性、主动性，强化学生终身学习的理念，促进学生的可持续发展。

实现评价主体多元化，学生、教师、企业人员等共同参与学生的评价，促进学生个性发展。可采用课堂提问、学生作业、平时测验、实验实训、技能竞赛及考试情况，综合评价学生成绩。

打破一考定学生优劣的评价方式，按照高职学生的认知特点，根据学科特性，采用多样化的评价方式，培养和提高学生的创新精神，使学生在成长过程中不断体验进步与成功，使他们的潜在优势得到充分发挥，最终实现学生全面发展。

工学结合，校企合作，将企业岗位职业技能的要求和考核评价方式，纳入职业技能课程学生评价体系，对学生的职业意识、职业素质、职业技能进行全面评价，提高学生的职业适应能力，为企业选材、用材打下良好的基础。

在教学过程中将岗位技能培训与考核的内容融于日常的教学中，第五、六学期分别进行中、高级工的考核。理论知识考试采用闭卷笔试或口试方式，技能操作考核采用现场实际操作方式；论文（报告）采用专家审评方式，考试成绩均实行百分制，成绩达60分为合格。

四、推荐专业入门书籍及资源

1.《中药大辞典》

通过广泛汇集古今中外有关中药的文献资料，对中药学进行初步的综合整理，为临床、科研、教学工作和中西医药结合、创造我国统一的新医学和新药学，提供较为全面、系统的参考资料，是一部切合实用的中药专业工具书。中草药历代文献和各地报道浩如烟海，由于品种复杂，历来存在名实混乱等情况，文献资料中有时众说纷纭，甚至互相矛盾。这些问题有待于运用各种现代科学方法，结合生产实践、临床应用和科学研究，逐步加以解决。全书分上、下、附编三册，上、下册为正文，收载药物6008味，每一味药物下设异名、基原、原植（动、矿）物、栽培（饲养）、采收加工（或制法）、药材、成分、药理、炮制、药性、功用主治、用法用量、选方、临床报道、各家论述等内容。

2.《本草纲目》

《本草纲目》是由明朝伟大的医药学家李时珍（1518～1593年）为修改古代医书中的错误而编，他以毕生精力，亲历实践，广收博采，对本草学进行了全面的整理总结，历时29年编成，30余年心血的结晶。共有52卷，载有药物1892种，其中载有新药374种，收集药方11096个，书中还绘制了1160幅精美的插图，约190万字，分为16部、60类。这种分类法，已经过渡到按自然演化的系统来进行了。对植物的科学分类，要比瑞典的分类学家林奈早200年。每种药物分列释名（确定名称）、集解（叙述产地）、正误（更正过去文献的错误）、修治（炮制方法）、气味、主治、发明（前三项指分析药物的功能）、附方（收集民间流传的药方）等项。全书收录植物药有881种，附录61种，共942种，再加上具名未用植物153种，共计

1095种，占全部药物总数的58%，是对16世纪以前中医药学的系统总结，在训诂、语言文字、历史、地理、植物、动物、矿物、冶金等方面也有突出成就。本书于１７世纪末即传播，先后流通过多种文字的译本，对世界自然科学也有举世公认的卓越贡献。其有关资料曾被达尔文所引。它是几千年来祖国药物学的总结。这本药典，不论从它严密的科学分类，或是从它包含药物的数目之多和流畅生动的文笔来看，都远远超过古代任何一部本草著作。被誉为"东方药物巨典"，对人类近代科学以及医学方面影响最大，是我国医药宝库中的一份珍贵遗产。它的成就，首先在药物分类上改变了原有上、中、下三品分类法，采取了"析族区类，振纲分目"的科学分类。它把药物分矿物药、植物药、动物药。又将矿物药分为金部、玉部、石部、卤部四部。植物药一类，根据植物的性能、形态及其生长的环境，区别为草部、谷部、菜部、果部、木部5部；草部又分为山草、芳草、醒草、毒草、水草、蔓草、石草等小类。动物一类，按低级向高级进化的顺序排列为虫部、鳞部、介部、禽部、兽部、人部等6部。

《本草纲目》广泛涉及医学，药物学，生物学，矿物学，化学，环境与生物，遗传与变异等诸多科学领域。它在化学史上，较早地记载了纯金属、金属、金属氯化物、硫化物等一系列的化学反应。同时又记载了蒸馏、结晶、升华、沉淀、干燥等现代化学中应用的一些操作方法。李时珍还指出，月球和地球一样，都是具有山河的天体，"窃谓月乃阴魂，其中婆娑者，山河之影尔"。《本草纲目》不仅是我国一部药物学巨著，也不愧是我国古代的百科全书。正如李建元《进本草纲目疏》中指出："上自坟典、下至传奇，凡有相关，靡不收采，虽命医书，实该物理。"

3.《雷公炮炙论》

《雷公炮炙论》，刘宋时雷敩所著。此书为我国最早的中药制药专著，全面总结了南北朝刘宋时期以前的中药采集修治、加工炮炙的方法和经验，是中国历史上对中药制药技术的第一次大总结，是一部制药专书。

《雷公炮炙论》分为三卷，书中称制药为修事、修治、修合等，记述净选、粉碎、切制、干燥、水制、火制、加辅料制等法，对净选药材的特殊要求亦有详细论述，如当归分头、身、尾；远志、麦冬去心等，其中所总兴奋剂的丰富经验，虽经历了一千多年的历史，然而不少方法是符合现代科学原理的。所以宋元以后的本草，都奉其为制药学的范本，甚至有些方法一直沿袭至今还被采用。历代制剂学专着常以"雷公"二字冠于书名之首，反映出人们对雷氏制药法的重视与尊奉。

原书早佚，其内容散见于《证类本草》、《雷公炮炙药性赋解》、《本草纲目》等书中。清末张骥所辑《雷公炮炙论》为此书最早辑佚本，得药180余种，分原叙及上、中、下三卷予以论述，并加入其他古本草书中有关炮炙经验，末有附卷，另记70余种药物的炮炙方法。现存1932年成都益生堂刻本，1949年后有排印本。

现代中医文献学家尚志钧所辑《雷公炮炙论》，计收载原书药物288种，校注详尽，书后附研究论文数篇，代表了当代《雷公炮炙论》辑佚、研究的最高水平。

4.《现代实用中药新剂型新技术》（董方言主编）

本书重点介绍中药新剂型和新技术知识在科研、生产中的实际应用，同时结合中药成分复杂，以及各组分词、同一处方的不同药味间相互关系不甚清楚的特点，详细阐述每一种新剂型的制备原理、工艺过程、赋形剂的合理选择、影响因素、应用实例、发展前景，以及现代新技术在中药剂型、工艺设计研究、质量标准控制等方面的应用。

此书前部分主要介绍了中药注射剂、气雾剂、滴丸剂、片剂、口服液体制剂、栓剂、胶囊剂、颗粒剂等12种中药新剂型的研究、应用等内容；后部分主要介绍了超临界萃取技术、大孔吸附树脂技术、吸附澄清技术、乳化技术、包合技术等10种新技术的应用原理，及其在中药剂型研究中的应用。全书列举了大量的研究应用实例。内容的新颖性、可读性、实用性强。是一部供广大药学科研工作者、中药新产品开发人员、各大医院、制剂室工作者及高等医药院校广大师生学习参考的实用著作。

5.《现代中药制剂检验技术》（梁延寿主编）

《现代中药制剂检验技术》为全国医药高职高专教材。全书共分7章，系统、全面地讲述了中药制剂质量检验的依据、中药制剂的理化鉴别技术、中药制剂的常规检查技术、中药制剂的杂质检查技术、中药制剂的含量测定技术和中药制剂检验新技术等内容。全书力求简明实用，理论知识以"必备、够用"为度，着重体现药品检验工作的实践性、技术性和规范性。《现代中药制剂检验技术》可供医药高职高专中药制剂检验、中药制药、中药和药物分析等专业教学使用，也可作为医药中等职业学校教材和生产经营企业职工培训用书。

6.《现代中药制剂新技术》（谢秀琼主编）

现代中药制剂技术对实现中药现代化、改善中药服用方式，提高中药的疗效有重要作用。本书以现代中药制剂理论为指导，结合中药制剂研究和应用中的新技术、新方法、新工艺，从中药活性成分的提取、分离、制剂成型、给药途径四个方面全面介绍了现代中药制剂新技术。

中药成分提取技术包括超临界萃取、生物酶解提取、动态循环阶段连续流提取、超声波提高等技术；中药分离纯化技术包括分子蒸馏、膜分离、大孔树脂吸附等技术；中药制剂成型技术包括超微粉碎、固体分散、乳化、雾化、环糊精包合、微囊制备、冷冻干燥、制粒、压片、微丸制备、薄膜包衣、灭菌等技术；中药新的给药制剂制备技术包括经皮给药制剂、缓释/控释给药制剂及靶向制剂的制备技术。其中，超微粉碎技术、生物酶解技术、超临界流体萃取技术、大孔树脂分离技术、膜分离技术等为国家"十五"期间重点突破技术。各个章节分别从设备、在中药制剂中的应用现状、技术指标及关键问题辅以实例加以说明，突出了技术的科学性与实用性，同时对各种技术存在的问题及应用前景进行了深入的剖析。

7.《中成药分析》（孟宪纾等编）

本书计分总论和各论两编，总论部分介绍了应用于中成药分析的现代理化检测及显微鉴别方法学、生物利用度检测，稳定性预测及卫生学检查方法等。各论部分按中成药剂型共介绍了丸剂、散剂、片剂、注射剂等12种剂型共153个品种的分析方法。可供中成药分析、教学、科研及制剂工作人员参考。

8.《中药提取工艺与设备》（卢晓江主编）

本书简要地论述了中药提取过程的工艺原理和有关计算，介绍各类提取工艺方法、工艺流程和主要设备的特点与应用，以及新方法、新工艺和新装置。结合生产实际和GMP要求，对典型提取工艺、制备配置及相关技术标准解读做了相应的论述。与近年来出版的中药提取书籍相比，本书注重从工程实际出发，以实用技术为重点内容，突出实用性、先进性，力求简洁、明了。

9.《中药现代检验新技术》（肖树雄、林伟忠编）

本书是作者根据多年从事药品检验工作和教学、管理的实践，结合现代中药检验的实际经验，收集了1995年以后国内外大量有关中药检验分析方面的最新资料编写而成。全书共分3篇，第一篇为概述；第二篇主要介绍计算机技术、导数光谱法、红外光谱与分子振动光谱法、多种色谱方法、核磁共振技术、X-射线衍射分析技术、热分析技术、流动注射分析技术、毛细管电泳法、分子生物技术等；第三篇主要介绍现代检验技术在人参类中药材以及动物类贵重药材如熊胆、麝香、牛黄、海马类、蛇类、冬虫夏草、角类、鹿类、燕窝等中的应用。书中配以大量的图表，是一本理论和实践相结合，系统介绍中药现代检验分析新技术方面的难得专著。

10.《中药制剂制备工艺与质量分析检验新技术实用手册》（萧三贯主编）

本书对照2005年版药典和国家最新中药制剂标准，跟踪医药技术最新发展趋向和当前我国药品监督管理的重点，详细阐述了1000 余种中药制剂的制法、性状、质量检验标准、用法、配伍禁忌及工艺规程，内容丰富、规范、详尽，反应了我国中药制剂的发展方向。

11.《中药制药工艺技术解析》（徐莲英、候世祥主编）

本书由我国知名的中药药剂学专家徐莲英教授、候世祥教授主编，全国药剂学领域具较高水平和丰富经验的部分教学、科研、生产工作者历时三年共同合作编著而成。我国著名的老一辈药剂学家顾学裘教授欣然为之作序。

本书作者围绕中药制药领域的实际状况，针对科研、生产中存在的工艺技术问题，在广泛调研和收集资料、总结科研生产经验、分析归纳的基础上，用提出问题、分析问题和解答问题的形式进行编写，着力挖掘中药制药工艺技术中的难点和问题，提出解决问题的思路和方法。

12.《中药药剂学》（范碧亭主编）

本书是由国家中医药管理局普通高等教育中医药类规划教材编审委员会组织编写和审定的教材，供全国高等医药院校中药专业本科教学使用。

本书在内容编写上，力求突出中医药特色和当前药剂的生产实际，充分吸收现代药剂科学技术和新成果，删去《中药药剂学》(1986年版）中部分重复与不切合实际的内容，增加液体药剂、长效制剂和靶向给药系统，以及有关新技术、新工艺、新设备和新辅料等内容，并严格遵循现行国家有关中药管理法规。

13. 丁香园网站——医学药学生命科学专业网站

丁香园是中国最大的面向医生、医疗机构、医药从业者以及生命科学领域人士的专业性社会化网络，提供医学、医疗、药学、生命科学等相关领域的交流平台、专业知识、专业技能。其中的丁香园论坛含100多个医药生物专业栏目，采取互动式交流，提供实验技术讨论、专业知识交流、文献检索服务。尤其其中的实验技术板块，包罗了生命科学专业各个方向的技术技能，具有很高的参考价值。

任务二　学技能，实训有安排

一、实训室安全要求

（一）实训室消防安全检查制度

为加强实训室的管理，做好实训室消防安全工作，特制定本制度。

（1）在学院消防安全主管部门的指导下，实训室消防安全管理工作由实训中心主管部门负责，实训技术人员具体实施。

（2）加强消防宣传教育工作，提高全院师生的消防意识。各实训室要对存在的消防安全问题及时提出整改意见，做到预防为主，消除隐患。

（3）实训室要配备必要的消防设施，消防主管部门要定期检查实训室的各种消防设施，定期更换灭火器内容物，确保其处于完好可用状态。

（4）各实训室的消防设备和灭火工具，要有专人管理；实训室管理及教学人员要掌握消防设施的使用。

（5）不准破坏、挪用消防器材，违者追究其责任。

（6）实训室要做好防火、防爆、防盗工作；下班时要切断电源、气源，清除工作场地的可燃物，关好门窗。

（7）危险化学药品（易燃、易爆、麻醉、剧毒、强氧化剂、强还原剂、强腐蚀）要有专人管理，并严格遵守相关管理制度。

（8）各实训室新增用火、用电装置，要先报后勤管理处、保卫科，并经论证符合安全要求和批准后，方可增用。

（9）各实训室安装、修理电气设备须由电工人员进行；禁止使用不合格的保险装置及电线。

（10）实训室技术人员每周一次对实训室进行全面安全检查，并做好检查记录，发现情况应及时采取措施并上报有关部门。学院消防安全主管部门及实训室行政管理部门不定期对实训室进行安全检查。

（11）对违反消防安全规定和技术防范措施而造成火灾等安全事故的有关责任人，要视情节轻重给予处罚，触犯法律的，由司法机关依法追究其刑事责任。

（二）学生进出实验实训场所行为规范

凡进入实训场所参加实训的学生必须严格遵守以下流程。

（1）学生在进入实训场所之前不准在校园内的其他场所穿着实训服装。

（2）学生应携带实训服装进入实训场所，须在指定区域更换服装。

（3）学生更换实训服装后，将个人物品叠放整齐，放置在实训场所内的指定区域，整装后开始实践教学。

（4）实践教学结束后，在指定区域内更换实训服装，将实训服装叠整齐，整装后携带个人物品离开实训场所，不得穿着实训服装走出实训场所。

（5）实训结束后，要安排值日生做好实训室清洁卫生工作，实训仪器等物品要整理好，洗刷干净，按要求摆放整齐并请指导教师检查清点认可后方可离开。离开实训室前要切断电源、气源、熄灭余火，关好水龙头，锁好门窗。

（三）实验室常见事故的预防与处理

1. 实验室内常见危险品

实验室事故有很多源于室内易燃易爆、有毒、有腐蚀性等危险品，实验室常见危险品如下。

（1）爆炸品：具有猛烈的爆炸性。当受到高热摩擦、撞击、震动等外来因素的作用或其他性能相抵触的物质接触，就会发生剧烈的化学反应，产生大量的气体和高热，引起爆炸。如：三硝基甲苯（TNT），苦味酸，硝酸铵，叠氮化物，雷酸盐及其他超过三个硝基的有机化合物等。

（2）氧化剂：具有强烈的氧化性，按其不同的性质遇酸、碱、受潮、强热或与易燃物、有机物、还原剂等性质有抵触的物质混存能发生分解，引起燃烧和爆炸。如：碱金属和碱土金属的氯酸盐、硝酸盐、过氧化物、高氯酸及其盐、高锰酸盐、重铬酸盐、亚硝酸盐等。

（3）压缩气体和液化气体：气体压缩后贮于耐压钢瓶内，具有危险性。钢瓶如果在太阳下曝晒或受热，当瓶内压力升高至大于容器耐压限度时，即能引起爆炸。钢瓶内气体按性质分为四类。

① 剧毒气体，如液氯、液氨等。

② 易燃气体，如乙炔、氢气等。

③ 助燃气体，如氧等。

④ 不燃气体，如氮、氩、氦等。

（4）自燃物品：此类物质暴露在空气中，依靠自身的分解、氧化产生热量，使其温度升高到自燃点即能发生燃烧。如白磷等。

（5）遇水燃烧物品：遇水或在潮湿空气中能迅速分解，产生高热，并放出易燃易爆气体，引起燃烧爆炸。如金属钾，钠，电石等。

(6) 易燃液体：这类液体极易挥发成气体，遇明火即燃烧。可燃液体以闪点作为评定液体火灾危险性的主要根据，闪点越低，危险性越大。闪点在45℃以下的称为易燃液体，45℃以上的称为可燃液体（可燃液体不纳入危险品管理）。易燃液体根据其危险程度分为二级。

一级易燃液体闪点在28℃以下（包括28℃）。如乙醚、石油醚、汽油、甲醇、乙醇、苯、甲苯、乙酸乙酯、丙酮、二硫化碳、硝基苯等。

二级易燃液体闪点在29~45℃（包括45℃）。如煤油等。

(7) 易燃固体：此类物品着火点低，如受热、遇火星、受撞击、摩擦或氧化剂作用等能引起急剧的燃烧或爆炸，同时放出大量毒害气体。如赤磷，硫磺，萘，硝化纤维素等。

(8) 毒害品：具有强烈的毒害性，少量进入人体或接触皮肤即能造成中毒甚至死亡。如：汞和汞盐（升汞、硝酸汞等）、砷和砷化物（三氧化二砷，即砒霜）磷和磷化物（黄磷，即白磷，误食0.1 g黄磷即能致死）、铝和铅盐（一氧化铅等）、氢氰酸和氰化物（HCN，NaCN，KCN）以及氟化钠、四氯化碳、三氯甲烷等。有毒气体，如醛类、氨气、氢氟酸、二氧化硫、三氧化硫和铬酸等。

(9) 腐蚀性物品：具强腐蚀性，与人体接触引起化学烧伤。有的腐蚀物品有双重性和多重性。如苯酚既有腐蚀性还有毒性和燃烧性。腐蚀物品有硫酸、盐酸、硝酸、氢氟酸、氟酸氟酸、冰乙酸、甲酸、氢氧化钠、氢氧化钾、氨水、甲醛、液溴等。

(10) 致癌物质：如：多环芳香烃类、3,4 - 苯并芘、1,2- 苯并蒽、亚硝胺类、氮芥烷化剂、$\alpha-$萘胺、$\beta-$萘胺、联苯胺、芳胺以及一些无机元素、As、Cl、Be 等都有较明显的致癌作用，要谨防侵入体内。

(11) 诱变性物品：如溴化乙锭（EB），具强诱变致癌性，使用时一定要戴一次性手套，注意操作规范，不要随便触摸别的物品。

(12) 放射性物品：具有反射性，人体受到过量照射或吸入放射性粉尘能引起放射病。如：硝酸钍及放射性矿物独居石等。

2. 实验室事故的类型

（1）火灾性事故：火灾性事故的发生具有普遍性，几乎所有的实验室都可能发生。酿成这类事故的直接原因是如下。

①忘记关电源，致使设备或用电器具通电时间过长，温度过高，引起着火；供电线路老化、超负荷运行，导致线路发热，引起着火。

②对易燃易爆物品操作不慎或保管不当，使火源接触易燃物质，引起着火。

③乱扔烟头，接触易燃物质，引起着火。

（2）爆炸性事故：爆炸性事故多发生在具有易燃易爆物品和压力容器的实验室，酿成这类事故的直接原因如下。

① 违反操作规程使用设备、压力容器（如高压气瓶）而导致爆炸。

② 设备老化，存在故障或缺陷，造成易燃易爆物品泄漏，遇火花而引起爆炸。

③ 对易燃易爆物品处理不当，导致燃烧爆炸；该类物品（如三硝基甲苯、苦味酸、硝酸铵、叠氮化物等）受到高热摩擦，撞击，震动等外来因素的作用或其他性能相抵触的物质接触，就会发生剧烈的化学反应，产生大量的气体和高热，引起爆炸。

④ 强氧化剂与性质有抵触的物质混存能发生分解，引起燃烧和爆炸。

⑤ 由火灾事故发生引起仪器设备、药品等的爆炸。

（3）毒害性事故：毒害性事故多发生在具有化学药品和剧毒物质的实验室和具有毒气排放的实验室。酿成这类事故的直接原因如下。

① 将食物带进有毒物的实验室，造成误食中毒。

② 设备设施老化，存在故障或缺陷，造成有毒物质泄漏或有毒气体排放不出，酿成中毒。

③ 管理不善，操作不慎或违规操作，实验后有毒物质处理不当，造成有毒物品散落流失，引起人员中毒、环境污染。

④ 废水排放管路受阻或失修改道，造成有毒废水未经处理而流出，引起环境污染。

（4）机电伤人性事故：机电伤人性事故多发生在有高速旋转或冲击运动的实验室，或要带电作业的实验室和一些有高温产生的实验室。事故表现和直接原因如下。

① 操作不当或缺少防护，造成挤压、甩脱和碰撞伤人。

② 违反操作规程或因设备设施老化而存在故障和缺陷，造成漏电触电和电弧火花伤人。

③ 使用不当造成高温气体、液体对人的伤害。

（5）设备损坏性事故：设备损坏性事故多发生在用电加热的实验室。事故表现和直接原因如下。

由于线路故障或雷击造成突然停电，致使被加热的介质不能按要求恢复原来状态造成设备损坏。

3. 常见事故的处理方法

（1）火灾事故的预防和处理：在使用苯、乙醇、乙醚、丙酮等易挥发、易燃烧的有机溶剂时如操作不慎，易引起火灾事故。为了防止事故发生，必须随时注意以下几点。

① 操作和处理易燃、易爆溶剂时，应远离火源；对易爆炸固体的残渣，必须小心销毁（如用盐酸或硝酸分解金属炔化物）；不要把未熄灭的火柴梗乱丢；对于易发生自燃的物质（如加氢反应用的催化剂雷尼镍）及沾有它们的滤纸，不能随意丢弃，以免造成新的火源，引起火灾。

② 实验前应仔细检查仪器装置是否正确、稳妥与严密；操作要求正确、严格；常压操作时，切勿造成系统密闭，否则可能会发生爆炸事故；对沸点低于80℃的液体，一般蒸馏时应采用水浴加热，不能直接用火加热；实验操作中，应防止有机物蒸气泄漏出来，更不要用敞口装置加热。若要进行除去溶剂的操作，则必须在通风橱里进行。

③ 实验室里不允许贮放大量易燃物。

实验中一旦发生了火灾切不可惊慌失措，应保持镇静。首先立即切断室内一切火源和电源。然后根据具体情况正确地进行抢救和灭火。常用的方法有以下几种：

① 在可燃液体燃着时，应立即拿开着火区域内的一切可燃物质，关闭通风器，防止扩大燃烧。

② 酒精及其他可溶于水的液体着火时，可用水灭火。

③ 汽油、乙醚、甲苯等有机溶剂着火时，应用石棉布或干砂扑灭。绝对不能用水，否则反而会扩大燃烧面积。

④ 金属钾、钠或锂着火时，绝对不能用：水、泡沫灭火器、二氧化碳、四氯化碳等灭火，可用干砂、石墨粉扑灭。

⑤ 注意电器设备导线等着火时，不能用水及二氧化碳灭火器（泡沫灭火器），以免触电。应先切断电源，再用二氧化碳或四氯化碳灭火器灭火。

⑥ 衣服着火时，千万不要奔跑，应立即用石棉布或厚外衣盖熄，或者迅速脱下衣服，火势较大时，应卧地打滚以扑灭火焰。

⑦ 发现烘箱有异味或冒烟时，应迅速切断电源，使其慢慢降温，并准备好灭火器备用。千万不要急于打开烘箱门，以免突然供入空气助燃（爆），引起火灾。

⑧ 发生火灾时应注意保护现场。较大的着火事故应立即报警。若有伤势较重者，应立即送医院。

发生火灾时要做到三会：会报火警；会使用消防设施扑救初起火灾；会自救逃生。

(2) 爆炸事故的预防与处理

① 某些化合物容易爆炸。如：有机化合物中的过氧化物、芳香族多硝基化合物和硝酸酯、干燥的重氮盐、叠氮化物、重金属的炔化物等，均是易爆物品，在使用和操作时应特别注意。含过氧化物的乙醚蒸馏时，有爆炸的危险，事先必须除去过氧化物。若有过氧化物，可加入硫酸亚铁的酸性溶液予以除去。芳香族多硝基化合物不宜在烘箱内干燥。乙醇和浓硝酸混合在一起，会引起极强烈的爆炸。

② 仪器装置不正确或操作错误，有时会引起爆炸。如果在常压下进行蒸馏或加热回流，仪器必须与大气相通。在蒸馏时要注意，不要将物料蒸干。在减压操作时，不能使用不耐外压的玻璃仪器（例如平底烧瓶和锥

形烧瓶等)。

③ 氢气、乙炔、环氧乙烷等气体与空气混合达到一定比例时,会生成爆炸性混合物,遇明火即会爆炸。因此,使用上述物质时必须严禁明火。

对于放热量很大的合成反应,要小心地慢慢滴加物料,并注意冷却,同时要防止因滴液漏斗的活塞漏液而造的事故。

(3) 中毒事故的预防与处理:实验中的许多试剂都是有毒的。有毒物质往往通过呼吸吸入、皮肤渗入、误食等方式导致中毒。

处理具有刺激性、恶臭和有毒的化学药品时,如 H_2S、NO_2、Cl_2、Br_2、CO、SO_2、SO_3、HCl、HF、浓硝酸、发烟硫酸、浓盐酸,乙酰氯等,必须在通风橱中进行。通风橱开启后,不要把头伸入橱内,并保持实验室通风良好。

实验中应避免手直接接触化学药品,尤其严禁手直接接触剧毒品。沾在皮肤上的有机物应当立即用大量清水和肥皂洗去,切莫用有机溶剂洗,否则只会增加化学药品渗入皮肤的速度。

溅落在桌面或地面的有机物应及时除去。如不慎损坏水银温度计,撒落在地上的水银应尽量收集起来,并用硫磺粉盖在撒落的地方。

实验中所用剧毒物质由各课题组技术负责人负责保管、适量发给使用人员并要回收剩余。实验装有毒物质的器皿要贴标签注明,用后及时清洗,经常使用有毒物质实验的操作台及水槽要注明,实验后的有毒残渣必须按照实验室规定进行处理,不准乱丢。

操作有毒物质实验中若感觉咽喉灼痛、嘴唇脱色或发绀,胃部痉挛或恶心呕吐、心悸头晕等症状时,则可能系中毒所致。视中毒原因施以下述急救后,立即送医院治疗,不得延误。

① 固体或液体毒物中毒:有毒物质尚在嘴里的立即吐掉,用大量水漱口。误食碱者,先饮大量水再喝些牛奶。误食酸者,先喝水,再服 $Mg\ (OH)_2$ 乳剂,最后饮些牛奶。不要用催吐药,也不要服用碳酸盐或碳酸氢盐。

重金属盐中毒者,喝一杯含有几克 $MgSO_4$ 的水溶液,立即就医。不要服催吐药，以免引起危险或使病情复杂化。

砷和汞化物中毒者，必须紧急就医。

② 吸入气体或蒸气中毒者：立即转移至室外，解开衣领和钮扣，呼吸新鲜空气。对休克者应施以人工呼吸，但不要用口对口法。立即送医院急救。

（4）实验室触电事故的预防与处理：实验中常使用电炉、电热套、电动搅拌机等，使用电器时，应防止人体与电器导电部分直接接触及石棉网金属丝与电炉电阻丝接触；不能用湿的手或手握湿的物体接触电插头；电热套内严禁滴入水等溶剂，以防止电器短路。

为了防止触电，装置和设备的金属外壳等应连接地线，实验后应先关仪器开关，再将连接电源的插头拨下。

检查电器设备是否漏电应该用试电笔，凡是漏电的仪器，一律不能使用。

发生触电时急救方法：

① 关闭电源；

② 用干木棍使导线与被害者分开；

③ 使被害者和土地分离，急救时急救者必须做好防止触电的安全措施，手或脚必须绝缘。必要时进行人工呼吸并送医院救治。

（5）实验室其他事故的急救知识

① 玻璃割伤：一般轻伤应及时挤出污血，并用消过毒的镊子取出玻璃碎片，用蒸馏水洗净伤口，涂上碘酒，再用创可贴或绷带包扎；大伤口应立即用绷带扎紧伤口上部，使伤口停止流血，急送医院就诊。

② 烫伤：被火焰、蒸气、红热的玻璃、铁器等烫伤时，应立即将伤口处用大量水冲洗或浸泡，从而迅速降温避免温度烧伤。若起水泡则不宜挑破，应用纱布包扎后送医院治疗。对轻微烫伤，可在伤处涂些鱼肝油或烫伤油膏或万花油后包扎。若皮肤起泡（二级灼伤），不要弄破水泡，防止感染；若伤处皮肤呈棕色或黑色（三级灼伤），应用干燥而无菌的消毒纱布轻轻包扎好，急送医院治疗。

③ 被酸、碱或溴液灼伤： (a) 皮肤被酸灼伤要立即用大量流动清水冲洗（皮肤被浓硫酸沾污时切忌先用水冲洗，以免硫酸水合时强烈放热而加重伤势，应先用干抹布吸去浓硫酸，然后再用清水冲洗），彻底冲洗后可用2%～5%的碳酸氢钠溶液或肥皂水进行中和，最后用水冲洗，涂上药品凡士林。 (b) 碱液灼伤要立即用大量流动清水冲洗，再用2%醋酸洗或3%硼酸溶液进一步冲洗，最后用水冲洗，再涂上药品凡士林。 (c) 酚灼伤时立即用30%酒精揩洗数遍，再用大量清水冲洗干净而后用硫酸钠饱和溶液湿敷4～6小时，由于酚用水冲淡1∶1或2∶1浓度时，瞬间可使皮肤损伤加重而增加酚吸收，故不可先用水冲洗污染面。

受上述灼伤后，若创面起水泡，均不宜把水泡挑破。重伤者经初步处理后，急送医务室。

④ 酸液、碱液或其他异物溅入眼中： (a) 酸液溅入眼中，立即用大量水冲洗，再用1%碳酸氢钠溶液冲洗。 (b) 若为碱液，立即用大量水冲洗，再用1%硼酸溶液冲洗。洗眼时要保持眼皮张开，可由他人帮助翻开眼睑，持续冲洗15分钟。重伤者经初步处理后立即送医院治疗。 (c) 若木屑、尘粒等异物，可由他人翻开眼睑，用消毒棉签轻轻取出异物，或任其流泪，待异物排出后，再滴入几滴鱼肝油。若玻璃屑进入眼睛内是比较危险的。这时要尽量保持平静，绝不可用手揉擦，也不要让别人翻眼睑，尽量不要转动眼球，可任其流泪，有时碎屑会随泪水流出。用纱布，轻轻包住眼睛后，立即将伤者急送医院处理。

⑤ 对于强酸性腐蚀毒物，先饮大量的水，再服氢氧化铝膏、鸡蛋白；对于强碱性毒物，最好要先饮大量的水，然后服用醋、酸果汁、鸡蛋白。不论酸或碱中毒都需灌注牛奶，不要吃呕吐剂。

⑥ 水银容易由呼吸道进入人体，也可以经皮肤直接吸收而引起积累性中毒。严重中毒的征象是口中有金属气味，呼出气体也有气味；流唾液，牙床及嘴唇上有硫化汞的黑色；淋巴腺及唾液腺肿大。若不慎中毒时，应送医院急救。急性中毒时，通常用碳粉或呕吐剂彻底洗胃，或者食入蛋白(如1 L牛奶加3个鸡蛋清) 或蓖麻油解毒并使之呕吐。

 知识链接

实验室安全事故典型案例

一、火灾事故

1. 2001年5月20日，江苏省某石油化工学院化工楼一实验室发生火灾，烧毁了该实验室全部设备。

2. 2001年11月20日，广东某大学5号楼三楼化工研究所的一个化工实验室发生爆炸事故，造成二人重伤，三人轻伤，其中一人生命垂危。

3. 2002年9月24日，南京某大学一栋理化实验室，由于一实验室在实验过程中操作不当引起火灾，造成整栋大楼烧毁，所幸的是没有造成人员伤亡。

4. 2003年1月19日，广东某学院实验室发生化学原料爆炸，该实验室堆放着很多研究用的化学原料，爆炸可能是因电线短路引起的。

5. 2003年5月31日，浙江某大学实验楼发生火灾，随后发生轻微爆炸，实验室内堆放着乙醇、丙酮、食用醇等化学危险物品，周围其他实验室也有不少化学危险品，食用醇就有250kg左右，要是大火引爆这些化学危险品，后果相当严重。

二、化学实验类事故

1. 封管事故

某高校化学实验室的李某在进行时，往玻璃封管内加入氨水20ml，硫酸亚铁1g，原料4g，加热温度160℃。当事人在观察油浴温度时，封管突然发生爆炸，整个反应体系被完全炸碎。当事人额头受伤，幸亏当时戴防护眼镜，才使双眼没有受到伤害。

事故原因： 玻璃封管不耐高压，且在反应过程中无法检测管内压力。氨水在高温下变为氨气和水蒸气，产生较大的压力，致使玻璃封管爆炸。

经验教训：化学实验必须在通风柜内进行，密闭系统和有压力的实验必须在特种实验室里进行。

2. 盐酸气伤人事故

2005年8月2日某军校化学实验室王某、赵某等人在安装高压釜的紧固件和阀门。在前几日拆卸时已将管道内氯硅烷液体放出，为挡灰尘用简易塞将氯硅烷液相管塞住。当时并没有感觉到有压力和液体积存。在安装氯硅烷液相管时，当事人将简易塞拔下的一刹那，突然有一股氯硅烷挥发气体冲出，此时正值王某俯身紧固螺丝，来不及躲闪，正好喷到脸上和两手臂上，将其灼伤。

事故原因：这套高压釜反应装置被安置在棚内，当时又正值高温时节，棚内温度超过40℃，管内残留的氯硅烷变为气体，产生了一定的压力，拔去塞子时氯硅烷气体就冲了出来。

经验教训：高温对化学试剂可能带来的危险性认识不足，科研人员又忽视了防护用品的使用，扩大了受伤部位。

3. 误操作事故

2007年8月9日晚8时许，某高校实验室李某在准备处理一瓶四氢呋喃时，没有仔细核对，误将一瓶硝基甲烷当作四氢呋喃投到氢氧化钠中。约过了一分钟，试剂瓶中冒出了白烟。李某立即将通风橱玻璃门拉下，此时瓶口的烟变成黑色泡沫状液体。李某叫来同实验室的一名博士后请教解决方法，即发生了爆炸，玻璃碎片将二人的手臂割伤。

事故原因：该事故是由于当事人在投料时粗心大意，没有仔细核对所要使用的化学试剂而造成的。实验台药品杂乱无序、药品过多也是造成本次事故的主要原因。

经验教训：这是一起典型的误操作事故。它告诫我们，在实验操作过程中的每一个步骤都必须仔细、认真，不能有半点马虎；实验台、工作台要保持整洁，不用的试剂瓶要摆放到试剂架上，避免试剂打翻或误用造成的事故。

4. 金属钠燃烧事故

2004年3月某高校化学实验室王某将1L工业乙醇倒入放在水槽中的塑料盆，然后将金属钠皮用剪刀剪成小块，放入盆中。开始时反应较慢，不久盆内温度升高，反应激烈。当事人即拉下通风柜，把剪刀随手放在水槽边。这时水槽边的废溶剂桶外壳突然着火，并迅速引燃了水槽中的乙醇。当事人立刻将燃烧的废溶剂桶拿到走廊上，同时用灭火器扑救水槽中燃烧的乙醇。此时走廊上火势也逐渐扩大，直至引燃了四扇门框。

事故原因：反应时放出氢气和大量的热量，氢气被点燃并引燃了旁边的废溶剂造成事故。

经验教训：处理金属钠时必须清理周围易燃物品；一次处理量不宜过多；注意通风效果，及时排除氢气；或与安全部门联系，在空旷的地方处理。

（摘自http://www.nefu.edu.cn/images/files/10288-2.doc）

二、 校内实训基地

截至2011年我院共有28个实训室和实训基地。可供我专业使用的实训室和实训基地主要有：中药制剂实训室；中成药分析检测实训室；中药化学应用技术实训室；中药成分提取实训基地；中药制剂实训基地；英语听力训练室；计算机机房；天平实训室；精密仪器实训室；有机化学实训室；中药炮制技术实训室；中药认药实训室；中药调剂实训室；中药标本馆；模拟药店等。

现共有设备1100多件，这些设备基本满足中药制药技术专业的学生实践及取证之用，为进一步实施产学研教育奠定了基础。

（一）中药制剂实训室

中药制剂实训室（图2-1）主要承担现代中药制剂技术实验课程的教学任务。拥有栓模、制粒筛、旋光仪、铁研船、小粉碎机、搓丸板等仪器，可同时进行50人的传统剂型及现代剂型的实验教学，并能为学院国家职业技能鉴定所组织的中、高级中药固体制剂工技能鉴定工作提供服务。

图2-1　中药制剂实训室

（二）中药制剂实训基地

中药制剂实训室主要承担现代中药制剂技术、中药制剂技术轮岗实习/综合实训课程的教学任务。拥有压片机、制粒机、制丸机、滴丸机（图2-2）、蜜丸机（图2-3）包衣机、粉碎机、组织捣碎机、智能溶出仪等

图2-2　滴丸机

设备，可同时进行50人的传统剂型及现代剂型的实训教学，并能为学院国家职业技能鉴定所组织的中、高级中药固体制剂工技能鉴定工作提供服务。

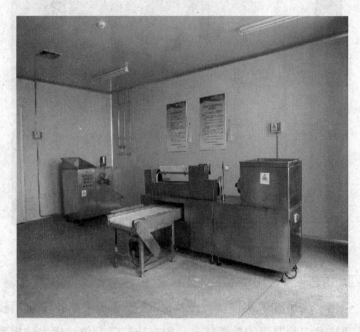

图2-3　蜜丸机

通过中药制剂实训，同学们可以掌握传统的丸、散、膏、丹的制备技术，还可以掌握现代中药剂型片、颗粒剂、滴丸剂等制备的基本技能和方法。在实训教学环节中，我们在强化基本技能训练的同时，注重培养学生的质量意识，养成严谨的科学态度和规范的操作习惯，以及综合知识的运用能力，为今后从事中药制剂生产和检测工作奠定扎实基础。

（三）中成药分析检测实训室

中成药分析检测实训室（图2-4）有紫外分光光度计、薄层扫描仪、高效液相色谱仪、气相色谱仪、高效毛细管电泳仪、蒸发光散射检测器、超声波提取器、薄膜蒸发仪和十万分之一电子天平等先进的科研仪器，教师、学生可在此进行中药材、中药饮片、中药制剂、中成药成分和含量检测实验，为教师、学生开展中药现代研究，指导学生完成毕业论文等提供了良好环境和条件。

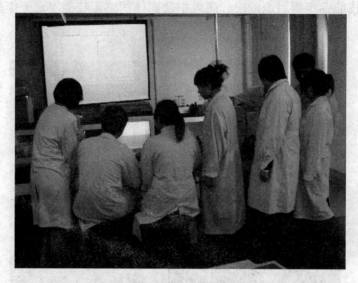

图2-4　中成药分析检测实训室

(四) 中药化学应用技术实训室

中药化学应用技术实训室（图2-5）主要承担中药化学应用技术、中药前处理技术实验课程的教学任务。拥有旋转蒸发仪、挥发油提取器、索

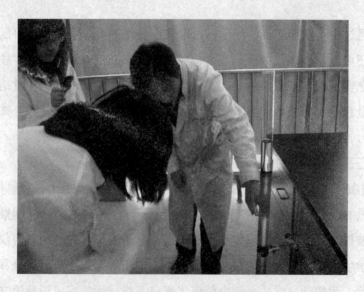

图2-5　中药化学应用技术实训室

氏提取器等仪器，可同时进行50人的中药提取、分离、精制等实验教学，并能为学院国家职业技能鉴定所组织的中、高级中药炮制与配制工技能鉴定工作提供服务。

（五）中药成分提取实训基地

中药成分提取实训基地主要承担中药化学应用技术、中药前处理技术实训课程的教学任务。拥有多功能提取器、醇沉罐、粉碎机、中药提取液缩机组（图2-6）等设备，可同时进行50人的中药提取、分离、精制等实训教学，并能为学院国家职业技能鉴定所组织的中、高级中药炮制与配制工技能鉴定工作提供服务。

图2-6　中药提取浓缩机组

（六）中药炮制实训室

中药炮制实训室（图2-7）主要承担中药炮制技术实训课程的教学任务。拥有切药设备、炒药机、煅炉等设备，可同时进行50人的传统炮制及现代炮制实训教学。

通过中药炮制实训，同学们可以掌握传统中药炮制的基本技能和方法，按照设备的标准操作规程、饮片炮制工艺规程进行规范化操作。

（七）中药认药实训室

中药认药实训室（图2-8）备有常用中药材、中药饮片标本400余种和放大镜等性状鉴别必需的设备，主要承担中药基础、中药识别技术课程。在本实训室主要训练学生对中药材、中药饮片的性状鉴别技能。

图2-7 中药炮制实训室

图2-8 中药认药实训室

（八）中药调剂实训室

中药调剂实训室（图2-9）主要承担中药调剂技术实训课程的教学任务，在这里可以进行中药饮片处方调配的技能训练；实训室内有240余种常用中药饮片和药斗柜、戥子、冲筒等设备，可同时进行50人的调剂实训教学。

图2-9　中药调剂实训室

（九）中药标本馆

我们的中药标本馆（图2-10）经过几十年来几代教师的共同努力、发展建设、不断积累，现已成为品种多、分类齐全、设置合理、独具特色，集教学、科研、对外交流为一体的多功能综合性标本馆。共有常用中药材、中药饮片商品品种2000余种、药用植物蜡叶标本1000余份。标本馆内

图2-10　中药标本馆

除常见的中药标本外，还收存了一些名贵、罕见的标本，如麝香、牛黄、穿山甲、梅花鹿、野山参、羚羊角、珍珠、玳瑁等名贵标本。

　　中药标本馆是我院各专业学生重要的教学见习基地，是教学、科研、科普的资料库，已成为展示我院办学条件的重要窗口。近年来不仅可以进行接待新生入学教育，中药标本的采集与整理、制作，而且成为先后接待外宾、行业领导同仁和兄弟院校专家教师参观及学术交流重要场所。中药标本馆不仅在中医药教育、科研中起到至关重要的作用，而且在发展中医药事业，扩大中医药国际影响，促进中医药对外学术交流做出了应有的贡献。

（十）模拟药店

　　模拟药店（图2-11）根据实践教学的要求分为化学药品实训室和中成药调剂实训室。其中中成药调剂室内分为Rx处方药区、OTC非处方药区，配备有中成药药品陈列架和陈列柜台。本实训室主要承担中成药应用技术的实践教学外，还是院内中药与中成药调剂技能大赛的竞技场所，以及学院承担全国职业院校中药调剂高级工的比赛场地。

图2-11　模拟药店内

三、校外实训基地情况

我专业已与天津天士力之娇药业有限公司；天津市达仁堂达二药业有限公司；天津天士力药业有限公司；天津宏仁堂制药有限公司；天津隆顺

图2-12　中药制药专业学生在天津达仁堂制药厂轮岗实习培训

图2-13　中药制药专业学生在天津提取中心顶岗实习

榕制药有限公司；天津中新药业集团有限公司等6家企业签订校外实习（实训）基地协议书，并达成长期合作的协议，成为中药制药技术专业的实训基地。建立校外实训基地目的在于执行教育部16号文，并且充分利用行业优势，使学生不仅在校内掌握专业知识、专业技能并与企业零距离。培养高素质技能型专门人才（图2-12，图2-13）。

四、校内外实训室、实训基地功能

教学功能：实训室和实训基地是实施实践教学环节的主要场所，主要是对学生进行专业岗位群基本技术技能的训练、模拟操作训练和综合技能训练，同时让学生参与一定的实际生产。基本操作技能训练和模拟操作训练主要在校内实训室和实训基地进行，综合技能训练和实践能力培养主要在校外实训基地结合实际生产进行。

培训功能：实训基地除面向本院学生实施上岗前的职业培训外，同时对其他大、中专院校学生开展职业培训；企业职工的在职提高、转岗培训；社会其他人员培训；以及待岗人员的再就业培训提供设施。也可作为对其他职业学校教师进行培训。

职业资格鉴定功能：实训基地同时也为职业资格鉴定中心（站、所）服务。凡是经过培训的人员都可以在实训基地进行职业资格鉴定，取得职业资格证书。

科技服务功能：实训基地是成熟技术的应用基地，为企业设备更新换代提供人才培训和技术服务。企业新产品可在基地进行实验、技术推广和推销。基地也具有一定的生产能力。

五、实训基地特色

1. 具有行业特色

'实训基地充分体现了中药传统性和现代性的良好结合，让学生在传统中医药的氛围下，掌握现代中药技术。

2. 真实的职业环境

实训基地贴近生产、技术、管理、服务第一线，体现真实的职业环境。让学生在一个真实的职业环境下按照未来专业岗位群对基本技术技能的要求进行学习，得到实际操作训练和综合素质的培养。

3. 高技术含量

校内实训基地的资金投入具有前瞻性、持久性。体现新技术、新工艺，紧跟时代发展，瞄准缺乏实际操作人才的高技术含量职业岗位和新技术行业职业岗位，在技术要求上具有专业领域的先进性。使学生在实践过程中，学到和掌握本专业领域先进的技术操作、工艺路线和技术实际应用的本领。校外实训基地设置中药固体制剂工、中药液体制剂工、中药质检工、中药购销员等多种岗位，各岗位均能满足学院本专业学生实训的需要，实训方式多采取学生集中顶岗实训。

模块三　行业好，发展有潜力

任务一　中药制药技术产业发展

　　生物医药产业是天津八大支柱产业之一，其中现代中药产业是生物医药产业链条中重要一环，也是天津乃至全国最具有发展前景的、推动国民经济发展的高新技术产业。2010年我国中药行业经济运行回顾中显示，中药行业规模继续扩大，产品销售收入、资产、企业数和从业人数均出现不同程度的增长，全年实现工业产值3172亿元，同比增长29.5%；全年行业累计实现利润总额近300亿元，同比增长33%左右。仅天津市医药集团有限公司2010年销售中成药品种321个，产量2905吨，实现产值约14亿元。其中，天津中新药业集团股份有限公司隆顺榕制药厂、天津中新药业集团股份有限公司第六中药厂、天津中新药业集团股份有限公司达仁堂制药厂、天津天士力集团等中药制药企业是国内外知名品牌企业，为医药工业和全市经济增长提供了重要支撑。坐落于天津滨海新区的以现代中药研发、提取和制剂为核心的中新药业集团现代中药产业园，为天津市重大高新技术产业园之一。

　　到"十二五"时，中药工业将保持年均12%以上的增长速度，预计到2015年总产值超过5590亿元。天津市将生物医药产业作为重要的新兴战略性产业进行大力发展，其中，中药生产企业已经成为投资热点和盈利大户，到"十二五"末期，天津医药集团工业企业产品销售目标为210亿元，过亿元的中成药品种达到22个：速效救心丸超过8亿元，血府逐瘀系列、清咽滴丸、通脉养心系列各超2亿元，麻仁软胶囊、紫龙金、痹祺胶囊、京万红、藿香正气软胶囊、清肺消炎丸、治咳川贝枇杷滴丸、胃肠安各超1亿元。

因此，"十二五"期间在国家、地区的政策扶持和资金支持下，中药产业结构的调整与中成药产品的升级换代，都将会促进中药生产企业健康快速的发展，大力推进中药现代化和国际化，对现有产品、技术、设备进行全面改造提升。在此进程中，各企业在围绕市场、资源、人才、技术、标准的竞争会更加激烈，特别是中药有效成分的提取、纯化、质量控制新技术开发和应用，中药现代剂型的工艺技术、生产过程控制技术和装备的开发与应用，中药饮片创新技术开发和应用，中成药二次开发和生产使原有的生产企业派生出新的岗位，因此对中药制药专门人才的需要每年都在不断增加。

 知识链接

我国中药制药的发展历程

中医中药是中华民族灿烂文化的重要组成部分，是我国目前在世界上最有影响的学科领域之一，在祖国传统医药理论指导下生产应用的中药，为人类的健康与发展作出了积极的贡献，中医中药在防病治病、康复保健方面显示出的独特优势和魅力，以及中药所产生的特有疗效与作用，受到国内外医药学界越来越广泛的重视。本文回顾了我国20世纪中药制药的发展历程，现代科学技术的发展，推动了中药事业的不断进步，中药生产摆脱了过去"作坊"式的生产方式，广泛采用现代科学技术，应用新工艺、新辅料、新设备，研究开发中药新剂型，制备生产新制剂，从而从根本上改变了中药制剂领域的落后面貌，从整体上提高了中药水平，确保中药制剂的质量疗效与稳定性，为中药实现现代化，走向世界参与国际竞争，奠定了坚实的基础。

1 中药制剂制备的工艺与技术

1.1 中药制药的前处理工艺技术

1.1.1 粉碎技术是中药前处理过程中的必要环节

通过粉碎，可增加药物的表面积，促进药物的溶解与吸收，加速药材中有效成分的浸出。根据中药不同来源与性质，粉碎可采用单独粉碎、混合粉碎、干法粉碎和湿法粉碎等方法。对一些富含糖分，具一定黏性的药材可采用传统粉碎方法如串料法；对含脂肪油较多的药材可用串油法；对珍珠、朱砂等可采用"水飞法"；对热可塑性的物料可采用低温粉碎等方法。近年来，超微细粉化技术在中药粉碎中的应用日趋增多，运用超声粉碎、超低温粉碎等现代超细微加工技术，可将原生药从传统粉碎工艺得到的中心粒径150~200目的粉末（75μm以下），提高到现在的中心粒径为5~10μm以下，在该细度条件下，一般药材细胞的破壁率≥95%。这种新技术的采用，不仅适合于各种不同质地的药材，而且可使其中的有效成分直接暴露出来，从而使药材成分的溶出和起效更加迅速完全。由于超微细粉化技术是采用超音速气流粉碎、冷浆粉碎等方法，与以往的纯机械粉碎方法完全不同，在粉碎过程中不产生局部过热，且在低温状态下进行，粉碎速度快，因而最大程度地保留了中药材中生物活性物质及各种营养成分，提高了药效。将中药珍珠、炉甘石分别采用气流超细和球磨粉碎的方法，并从粉碎时间、粒度上加以比较，结果气流超细粉碎的粉碎时间仅为原来的1/30左右，而粒度则增加了3倍左右。将两种不同粉碎技术加工的原生药材制成的治疗痛经中药制剂——诚年月泰和治疗糖尿病的糖泰胶囊进行了药效学比较研究发现，在镇痛、改善微循环、降血糖等方面采用微粉技术加工原生药制成的作用强度显著大于传统粉碎技术加工原生药制成的制剂。中药有效成分的溶出速度往往与药物粉碎度有关，而中药有效成分的溶出速度与药物在体内的生物利用度之间常存在着一定的相关性。对不同粉碎度的三七进行了体外溶出度试验，结果表明三七药材45分钟溶出物含量和三七总皂苷溶出量大小顺序为：微粉>细粉>粗粉>颗粒。中药超细粉化的研究开发刚刚起步，常用于一些作用独特的传统名贵细料中药，如：西洋参、珍珠等的粉碎。这些滋补保健中药经微粉化后可使利用率大大增加。目前中药生产中应用的粉碎机械有SF-170、SF-170-3、SF-200等锤击式粉碎机；YF-130、YF-240等风选式粉碎机；30B、30BⅡ万能粉碎机；F-400、FS-320、721型柴田式粉碎机；SQ-A、SQ-B球磨机；新型无尘粉碎机等等。

    1.1.2　浸提技术中药传统的浸提方法有煎煮法、浸渍法、渗漉法、回流提取法、水蒸气蒸馏法等。

    我国古代医籍中就有用水煎煮、酒浸渍提取药材的记载。20世纪50年代，全国兴起的中药剂型改革高潮中，基本上是使用煎煮法、浸渍法、回流法、渗漉法等浸提方法制备合剂或口服液。近20年来，科技人员对传统浸提方法工艺参数进行了较为系统的考查，建立了目前公认的参数确定方法。即以指标成分的浸出率为指标，通过正交设计、均匀设计、比较法等优选浸提工艺条件，确定参数。据《中国药典》1990年版一部和卫生部《药品标准》，中药成方制剂1~9册，共收载中成药1945种，其中采用水煎煮浸提工艺的多达826种，占42.5%。《中国药典》1995版一部收载中成药398种，采用煎煮法的有100种，占总数的25.1%。可见煎煮法仍是最常用的浸提方法之一。有人对98种常用中药饮片和10个不同处方，以煎出物干重为指标，对煎煮法的药量、煎出液、浸出率关系进行了考察；也有人对水煎煮法提取效率进行了研究，以汤剂的浸出率为指标，经测定发现传统煎药法的浸出率仅为55.5%。随着科学技术的进步，在多学科互相渗透对浸提原理及过程深入研究的基础上，浸提新方法新技术，如半仿生提取法、超声提取法、超临界流体萃取法、旋流提取法、加压逆流提取法、酶法提取等不断被采用，提高了中药制剂的质量。半仿生提取法：1995年张兆旺等提出了"半仿生提取法"的中药提取新概念。即从生物药剂学的角度，将整体药物研究法与分子药物研究法相结合，模拟口服给药后药物经胃肠道转运的环境，为经消化道给药的中药制剂设计的一种新的提取工艺。即先将药料以一定pH的酸水提取，继以一定pH的碱水提取，提取用水的最佳pH和其他工艺参数的选择，可用一种或几种有效成分结合主要药理作用指标，采用比例分割法来优选。以芍药苷、甘草次酸为指标比较芍甘止痛颗粒"半仿生提取法"和传统水煎煮法的提取率，结果"半仿生提取法"优于传统水煎煮法。以小檗碱、黄芩苷、栀子苷为指标，考查寒痛定泡腾冲剂4种提取方法，结果半仿生提取法>半仿生提取醇沉法>水提取法>水提取法醇沉法。以补骨脂素、五味子乙素、吴茱萸碱为指标成分，比较四神茶剂4种提取方法，结果3种成分提取总量以半仿生提取法最优。以乌头总生物碱为指标比较川乌两种提取方法的提取率，结果显示半仿生提取法乌头总生物碱、酯型乌头生物碱的含量较传统水煎法高。超临界流体萃取法（SFE）：早在1879年，超临界流体对许多物质具有溶解能力的现象就被Hanuary和Hogath发现，但直到20世纪60年代才有应用研究。我国科技工作者在80年代将超临界萃取法引入，并进行菜籽油的萃取研究。90年代该技术开始被引进用于中药提取领域。超临界流体萃取法是利用超临界状态下的流体为萃取剂，从液体或固体中萃取中药材中的有效成分并进行分离的方法。CO_2因其本身无毒、无腐蚀、临界条件适中的特点，成为超临界流体萃取法最为常用的超临界流体（SF）。1989年于恩平等介绍了关于超临界流体萃取过程中使用夹带剂，即萃取时加入具有良好溶解性能的溶剂，如乙醇、丙酮等，不仅改善和维持萃取选择性，而且提高难挥发溶质的溶解度。由于夹带剂的使用，超临界CO_2萃取技术在中草药有效成分提取中的应用范围得到了扩展。用SFE-CO_2从新疆紫草中提取萘醌色素，全过程仅2小时，提取效率较传统石油醚等溶剂提取法高；采用SFE-CO_2法从东北野生月见草种子中提取月见草油，结果表明其月见草精油的色泽和透明度，γ-亚麻酸的含量均优于溶剂法；用SFE-CO_2从当归尾中萃取挥发油，挥发油收率为1.5%，亚油酸、藁本内酯、棕榈酸为其主要成分，含量可分别达56.74%，19.82%及14.20%。其中乙酸等28个成分为首次从该植物中分离到。用SFE-CO_2技术萃取飞龙掌血根平的香豆素类化合物，表明该法对不稳定化合物的提取较为优越。用SFE-CO_2技术对黄花蒿进行提取，从中提取分离出十八醇和β-谷甾醇。应用SFE-CO_2技术从广藿、肉桂、厚朴中提取广藿油、肉桂油及厚朴酚；从马蓝、松蓝和蓼蓝中提取靛玉红；采用

SFE-CO_2技术，加氨水碱化，并用丙酮为夹带剂，从马钱子中提取士的宁。以乙醇为夹带剂，萃取压力20MPa，温度40℃，SFE-CO_2萃取丹参脂溶性成分，丹参酮Ⅱ$_a$含量高达40%。应用超临界CO_2萃取的优点是：①操作范围广，便于调节。最常用的操作范围是压力8~30MPa，温度35~80℃；②选择性好，可通过控制压力和温度，改变超临界CO_2的密度，从而改变其对物质的溶解能力，有针对性地萃取中草药中某些成分；③操作温度低，在接近室温（31.06℃）条件下萃取，尤适宜于热敏性成分的提取。萃取过程密闭、连续进行，排除了遇空气氧化和见光反应的可能性，使萃取物稳定；④从萃取到分离可一步完成。萃取后CO_2不残留于萃出物；⑤CO_2价廉易得，可循环使用。⑥可以调节萃出物的粒度，即可借超临界流体的核晶作用，使萃出物达到期望的粒度和粒度分布。SFE-CO_2技术也有一定的局限性。总体来说，它较适用于亲脂性、分子量较小物质的萃取，对极性大、分子量太大的物质如苷类、多糖等，要加夹带剂，并在很高的压力下进行，给工业化带来一定的难度。该设备一次性投资大，也对其普及带来一定的限制。超声提取法：超声提取法是利用超声波增大物质分子运动频率和速度，增加溶剂穿透力，提高药物溶出速度和溶出次数，缩短提取时间的浸提方法。用超声提取法从黄芩中提取黄芩苷，提高了黄芩苷的得率。将当归流浸膏制备的渗漉法工艺改进为超声（超声波发生器工作频率26.5kHz±1kHz，输出功率250W），低温（45℃）浸提，提高了提取物中阿魏酸的含量。用超声提取法对胶股蓝总皂甙的提取研究表明，超声法（高频）>超声法（低频）>回流法。应用超声从槐米中提取芦丁成分研究表明总提取率达99.82%；用20kHz超声波提取穿山龙中薯蓣皂苷30分钟与浸泡24小时提取率相同（8.12%）。海藻多糖一般采用水煎煮醇沉法，提取转移率很低。中科院化冶所生化工程国家实验室，正在研究超声波用于海藻多糖的破碎浸提过程，并同时研究解决超声波应用的工程化大问题，以期扩大超声波在海洋活性物质提取中的应用。加压逆流提取法：此法是将若干提取装置串联，溶剂与药材逆流通过，并保持一定接触时间的方法。用此法可使冬凌草提取液浓度增加19倍，而溶剂及热能单耗分别降低40%和

57%。酶法：中药制剂中的杂质大多为淀粉、果胶、蛋白质等，可选用相应的酶予以分解除去。针对根中含有脂溶性、难溶于水或不溶于水成分多，通过加入淀粉部分水解产物及葡萄糖苷酶或转糖苷酶，使脂溶性或难溶于水或不溶于水的有效成分转移到水溶性苷糖中。酶反应较温和地将植物组织分解，可较大幅度提高效率。在国内，上海中药一厂应用酶法成功制备了生脉饮口服液。旋流提取法：采用PT-1型组织搅拌机，搅拌速度为8000r/min。原料不必预先加以粉碎。提取用水温度分别为20℃和100℃，处理时间20~30分钟。旋流法（8000r/min）提取侧金盏花，对提取液中黄酮类化合物、皂苷、有机酸等进行分析，表明旋流法的提取效率提高。

1.1.3　分离纯化技术分离纯化技术是改变传统中药制剂"粗、大、黑"的关键。

常见的分离方法有沉降分离法、滤过分离法、离心分离法。常见的精制方法有水提醇沉法（水醇法）、醇提水沉法（醇水法）、酸碱法、盐析法、离子交换法和结晶法。水提醇沉法是目前应用较广泛的精制方法。《中国药典》现行版所载玉屏风口服液、抗感颗粒都用本法进行精制；医院制剂以及营养保健口服液中很大一部分都应用了水提醇沉法。然而在长期的应用中，也发现存在不少问题。一是成本高，二是药物成分如生物碱、甙类、有机酸等有效成分均有不同程度的损失，而多糖和微量元素的损失尤为明显。近年来出现了一些分离和精制的新方法。如絮凝沉淀法、大孔树脂吸附法、超滤法、高速离心法等。絮凝沉淀法是在混悬的中药提取液或提取浓缩液中加入一种絮凝沉淀剂以吸附架桥和电中和方式与蛋白质果胶等发生分子间作用，使之沉降，除去溶液中的粗粒子，以达到精制和提高成品质量目的的一项新技术。絮凝剂的种类很多，有鞣酸、明胶、蛋清、101果汁澄清剂、ZTC澄清剂、壳聚糖等。用鞣酸和明胶精制小儿抗炎清热剂水提液，成品稳定性也好，色泽棕红，澄明度好，室温存放2天，无明显沉淀出现，且临床使用观察疗效优于原汤剂；用絮凝沉淀法制备生脉饮，测定其可溶性固体量，该法不减少溶液中可溶性固体量，并能保证制剂疗效；用明胶丹宁絮凝剂与负电荷杂质如树胶、果胶、纤维片等在酸性下凝结沉淀，可使药液澄清。加入蛋清絮凝剂沉降药酒中的胶体微粒和大分子物质，可减少药酒中沉淀物的出现，从而提高药酒的澄明度。用101果汁澄清剂澄清黄芪、茯苓药液，通过对树脂酸，有机酸的检识以及总酸等含量测定。结果表明，可完整的保留药液成分及口味。将101果汁澄清剂用于玉屏风口服液的澄清，经与醇沉法比较了氨基酸、多糖、黄芪甲甙、总固体的量，前者能更好的保留有效成分，降低生产成本和周期。将ZTC澄清剂用于八珍口服液的制备，并与醇沉法比较，结果表明可较好的保留中草药的指标成分。壳聚糖又称可溶性甲壳素，是甲壳素的脱乙酰衍生物，是一种新型的絮凝澄清剂。用壳聚糖澄清单味白芍提取液，能很好的保留其中芍药甙。考察80味不同成分、不同药用部位药材的澄清范围，对其中部分单味药材进行TLC鉴别及含量测定，并将絮凝液与水煎液、醇沉液作比较，结果表明壳聚糖絮凝剂用于大部分单味中药浸提液均能起到一定澄清作用，保留其中大部分有效成分，并能明显提高多糖和有机酸的转移率。用絮凝法制备而成的丹参口服液、黄芪口服液、平疣口服液、抗感颗粒等在保留指标成分及制剂稳定性方面均取得良好的效果，其疗效优于醇沉法。用此法制成的鼻炎糖浆，液体澄明、色泽棕红，具有清香，室温放置14天，基本无沉淀。有关壳聚糖的吸附性能有人作了进一步研究，探讨了用絮凝沉淀法制备丹参口服液时，壳聚糖的用量、溶液pH、搅拌工艺等条件与其絮凝效果的关系，壳聚糖的吸附容量随时间变化的关系及饱和吸附容量等问题。大孔吸附树脂是近代发展起来的一类有机高聚物吸附剂，70年代末开始将其应用于中草药成分的提取分离。中国医学科学院药物研究所植化室试用大孔吸附树脂对糖、生物碱、黄酮等进行吸附，并在此基础上用于天麻、赤勺、灵芝和照山白等中草药的提取分离，结果表明大孔吸附树脂是分离中草药水溶性成分的一种有效方法。用此法从甘草中可提取分离出甘草甜素结晶。以含生物碱、黄酮、水溶性酚性化合物和无机矿物质的4种中药有效部位的单味药材（黄连、葛根、丹参、石膏）水提液为样本，在LD605型树脂上进行动态吸附研究，比较其吸附特性参数。结果表明除无机矿物质外，其他中药有效部位均可不同程度的被树脂吸附纯化。不同结构的大孔吸附树脂对亲水性酚类衍生物的吸附作用研究表明不同类型大孔吸附树脂均能从极稀水溶液中富集微量亲水性酚类衍生物，且易洗脱，吸附作用随吸附物质的结构不同而有所不同，同类吸附物质在各种树脂上的吸附容量均与其极性水溶性有关。用D型非极性树脂提取了绞股蓝皂苷，总皂苷收率在2.15%左右。用D1300大孔树脂精制"右归煎液"，其干浸膏得率在4%~5%之间，所得干浸膏不易吸潮，贮藏方便，其吸附回收率以5-羟甲基糖醛计，为83.3%。用D-101型非极性树脂提取了甜菊总苷，粗品收率8%左右，精品收率在3%左右。用大孔吸附树脂提取精制三七总皂苷，所得产品纯度高，质量稳定，成本低。将大孔吸附树脂用于银杏叶的提取，提取物中银杏黄酮含量稳定在26%以上。用大孔吸附树脂分离出的川芎总提物中川芎嗪和阿魏酸的含量约为25%~29%，收率为0.6%。另外大孔吸附树脂还可用于含量测定前样品的预分离。超滤是一种膜分离技术，根据体系中分子的大小和形状，通过膜的筛分作用，在分子水平上进行分离，能够分离分子量为1000~1000000道尔顿的物质，起到分离、纯化、浓缩或脱盐作用。目前，在中药制剂中的应用主要是滤除细菌、微粒、大分子杂质（胶质、鞣质、蛋白质、多糖等）。1万~3万分子量超滤膜可以制备注射用水、输液及中药注射液，5万~7万分子量超滤膜可以制备口服液和固体制剂。超滤法制备中药注射液工艺简单，具有提高中药注射剂的澄明度，去除杂质和热源，保留更多有效成分以及部分脱色的特点。如抗厥注射液（复方山茱萸制剂）、刺五加注射液、丹参注射液的制备工艺均可采用超滤法。应用超滤法澄清和精制生脉饮口服液，在澄清度、去杂降浊效果、有效成分含量等方面的考察显示与原工艺相比本法更能去除杂质，保留有效成分。用超滤法制备神宁胶囊，与醇沉相比能减少中药用量，且有效成分损失少、工艺流程缩短。应用中空纤维素超滤器，对原料水提液过滤后，以2万截流分子量可制备南方参茶。将超滤法与醇沉法对金银花中绿原酸的影响进行比较，并测定含量与超滤体积的关系，显示1.25倍体积超滤能够基本保留有效成分。高速离心法是以离心机为主要设备，通过离心机的高速运转，使离心加速度超过重力加速度的成百上千倍，而使沉降速度增加，以加速药液中杂质沉淀并除去的一种方法。沉降式离心机分离药液具有省时、省力，药液回收完全，有效成分含量高、澄明度高的特点，更适于分离含难于沉降过滤的细微粒或絮状物的悬浮液。在壮腰健肾口服液制备中应用超速离心法，使产品稳定，久置不混浊，同时又避免了药液反复浓缩、转溶使有效成分受热破坏所造成的含量降低。高速离心法制备的清热解毒口服液与水沉法进行比较，检测其黄酮含量，结果表明，高速离心工艺流程短、成本低、有效成分损失少，成品色泽深且澄明，黄酮含量显著高于水醇法。分子蒸馏技术属于一种高新技术。在分离过程中，物料处于高真空、相对低温的环境，停留时间短，损耗极少，故分子蒸馏技术特别适合于高沸点、低热敏性物料，尤其是香味、有效成分的活性对温度极为敏感的天然产物的分离，如玫瑰油、藿香油、桉叶油、山苍子油。该技术生产的产品不足20种，在我国属起步阶段，但随着分子蒸馏装置的国产化，必将加快推广应用。在提取和精制过程中还可以选用两种以上工艺联用，以取得更好的效果。将经ZTC澄清剂处理过的药液再用大孔吸附树脂吸附洗脱，得到质量稳定的银杏叶提取物（GBE），其黄酮和内脂分别达26%和6%以上。用大孔树脂吸附与超滤技术联用对六味地黄丸进行精制，提取物重量只有原药材的46%，而98%的丹皮酚和86%的马钱素被保留。用吸附澄清–高速离心微滤法制备菖蒲益智口服液，可以更好地除去杂质，选择性保留有效成分，其中人参皂甙Rg1与总多糖均较醇沉工艺有所提高，并且缩短了工艺周期，实现了中药口服液的连续无醇化生产。

1.1.4 浓缩干燥技术 在工业生产中，若被蒸发液体中有效成分耐热，在溶剂无燃烧性、无毒害的情况下可采用常压蒸发。工厂多采用敞口倾倒式夹层蒸发锅；为防止或减少热敏性物质的分解，则可采用减压蒸馏装置。近年来，薄膜蒸发技术日趋完善。进行薄膜蒸发的方式有两种：一是使药液快速流过加热面进行蒸发。如利用降膜式蒸发器、刮板式薄膜蒸发器进行的蒸发技术。如采用离心薄膜蒸发器浓缩药液的初步研究，选择影响浓缩的主要因素，以蒸发量、浓缩比和产品的主要成分含量作为考察指标，通过正交试验优选了板兰根冲剂、麻黄石甘汤、脉安冲剂等产品的最佳工艺。二是使药液剧烈地沸腾，产生大量泡沫，以泡沫的内外表面为蒸发面而进行蒸发，如升膜式蒸发器。多效蒸发技术，由于二次蒸汽的反复利用，可为生产厂家节省能源。多效蒸发器按加料方式有：顺流式、逆流式、平流式、错流式等四种。采用渗漉–薄膜蒸发连续提取法、渗漉法和回流法进行吴茱萸总生物碱的提取，以总生物碱为指标，比较不同提取方法对总生物碱含量的影响以及各种提取方法的溶剂耗用量和提取时间的长短。结果表明：渗漉–薄膜蒸发连续提取法不仅能提尽总生物碱，且溶剂耗用量小，提取时间也最短。近年来，许多适宜中药生产的干燥设备问世，提高了干燥效率和干燥物的质量。用远红外元件加热干燥时，因所辐射出的能量与大多数被辐射物的吸收特性相一致，故吸收率大，效果好，耗能少，质量高，成本也低。YHW806A型远红外辐射干燥箱，可适用于中、小型制药厂对药物包装容器、药物的原辅料，制剂的半成品和成品的干燥和灭菌。带式干燥器，为接触式干燥技术，适用于药用植物的原料，其特点是在温度适宜的条件下进行，原料中的有效成分不易被破坏；沸腾干燥是利用热空气流使湿颗粒悬浮，呈"沸腾状"，热空气在湿颗粒间通过，在动态下进行热交换，带走水汽而达到干燥。沸腾干燥效率高，速度快，干燥均匀，产量大，适于大规模生产，主要用于片剂、颗粒剂制备过程中的制粒干燥，现也有报道用于丸剂的干燥。喷雾干燥是流化技术用于液态物料干燥的一种方法。因是瞬间干燥，特别适用于热敏性物料；产品质量好，保持原来的色香味，且易溶解。目前有利用喷雾干燥来制备微囊的报道，它是将芯料混悬在衣料的溶液中，经离心喷雾器将其喷入热气流中，所得的产品是衣料包芯料而成的微囊，这种微囊粉末可采用于直接压片，也可制备胶囊剂、糖浆剂或混悬剂。冷冻干燥是将被干燥液体物料冷冻成固体，在低温减压条件下利用冰的升华性能，使物料低温脱水而达到干燥的一种方法。由于物料在高度真空及低温条件下干燥，故对某些极不耐热物品的干燥很适合。王大林报道了一种喷雾通气冻干新技术，是利用冷的空气或氮气作为介质，迅速流经冻结物使水升华，喷雾冻干制得的产品微粒小，干燥快、时间短、均匀，流动性好，并具良好的速溶性。近年来，对膏状物料和黏稠物料干燥的研究，引起了足够的重视。流态化技术、喷射技术、惰性载体技术，则是在此研究基础上发展起来的。旋转闪蒸干燥机、热喷射气流干燥机、惰性载体干燥机均适合热敏性物料和膏状物料的干燥。这些新的研究结果若用于中药制剂生产，将大大改善中药加工的技术水平，提高生产效率。

1.2 中药制剂工艺技术

1.2.1 制粒技术湿法制粒技术在20世纪50年代制备中药冲剂、片剂时应用最多，所用辅料常局限于淀粉、糖粉、糊精。按浸膏比例、浸膏的稠度等凭经验确定辅料用量，因而制备的颗粒质量不稳定。近20年来，科研人员通过正交设计、均匀设计等优选试验来考察辅料种类、用量、混合辅料比及制粒搅拌时间等因素对颗粒质量的影响，以颗粒得率、流动性、脆碎度等指标评价、筛选湿法制粒的技术参数。用单因素和正交试验筛选生脉饮颗粒的处方工艺，以稀释剂为乳糖–微晶纤维素–三硅酸镁（12:5:3），粘合剂为5%PVP溶液，用量25ml，搅拌时间150秒为好。流化床制粒技术（一步制粒技术）流化床制粒技术的特点，大大减少辅料的用量，浸膏在颗粒中的含量可达50%~70%，颗粒在沸腾状态下形成，表面圆整，流动性好。同时由于制粒过程在密闭的制粒机内完成，生产过程不易被污染，成品质量能得到更好的保障。上海中药二厂采用流化喷雾干燥制粒技术改进银翘片工艺，不但减少了制粒工序，而且制得的颗粒疏松，呈多孔状，压片后硬度高，崩解快，提高了片剂质量。采用喷雾制粒技术制备低糖型慈禧春宝冲剂，与传统方法比较，平均用糖量降低60%以上，且成品质量稳定。研究流化床制粒技术工艺变量对颗粒成形物理性质的影响，以颗粒粒度分布、颗粒的脆碎率、颗粒的流率为指标，考查了浸膏液的喷入速度、喷雾压力、进气温度及喷嘴位置等变量因素，为了解和掌握中药流化状喷雾制粒技术最佳工艺参数提供指导。快速搅拌制粒技术是利用快速搅拌制粒机完成的制粒技术。通常将放有固体物料（辅料）的盛器提升密闭，由加料口加入中药浸膏，开启三向搅拌叶以一定的转速转动，使物料从盛器的底部沿壁抛起旋转的波浪，其波峰通过以高速旋转的刮粒刀，被切割成带由一定棱角的小块，小块间相互摩擦，最后形成球状颗粒。该法制成的颗粒均匀、圆整，辅料用量少，制粒过程密闭，快速。应用快速搅拌制粒技术制备中药冲剂，中药提取后制成比重1.2~1.4的浸膏，以浸膏–淀粉–糊精（1.12:1:1）的比例，快速搅拌制粒机搅拌10分钟后，即可得到颗粒；采用均匀设计和非函数数据处理法——模式识别法，对快速搅拌制粒制备颗粒技术进行了优化，确定了搅拌制粒机和物料普适性参数的最佳值，即以产率为指标确定物料比重、搅拌时间、搅拌浆与制粒刀等因素的技术参数。干法制粒技术可通过滚筒平压制粒机完成。具一定相对密度的中药提取液，经喷雾干燥得到干浸膏粉，添加一定辅料后，以滚筒平压制粒机制粒。该法所需辅料少，一般干浸膏粉加0.5~1倍辅料即可。然而亦应注意，经喷雾干燥所得干浸膏引湿性强。因此，应用该法的应用关键是寻找适宜的辅料，辅料既要有一定的粘合性，又不易吸潮，如乳糖、预胶化淀粉、甘露醇，水溶性的丙烯酸树脂及纤维素衍生物等。

1.2.2 包衣技术包衣工艺始于我国的丸剂，是在固体药物表面包上适宜材料的衣层，使药物与外界隔离。欧洲在19世纪中叶研制出糖衣片，至今已有150余年的历史。包衣可分为药物衣、糖衣、薄膜衣等。药物衣的包衣材料是处方药物，如中药水丸可包朱砂衣、黄柏衣、雄黄衣等。糖衣以蔗糖为主要包衣材料。有一定的防潮、隔绝空气的作用，能掩盖药物的不良气味，可改善外观，易于吞服。这是目前制剂生产中一种常见的方法。《中国药典》现行版中所载冠心片、鼻炎片、利胆排石片等数十种片剂均要求包糖衣。薄膜衣是以聚合物为包衣材料。1930年有了首次报道，50年代以后，该技术被应用于制药工业中，但由于包衣材料及设备条件的不适应，其发展受到了一定的限制。近年来，随着各种新型高分子聚合物的诞生及高效包衣锅的研制成功，薄膜包衣技术迅速发展，有逐渐取代糖衣工艺的趋势。与糖衣相比具有生产周期短；用料少，片重增加小；衣层机械强度好，对药物崩解影响小等优点。我国传统的中药片剂、丸剂、颗粒剂多存在吸湿性强，易裂片、霉变的缺点。薄膜包衣技术的发展为克服上述难题找到了出路，为提高中药制剂质量开辟了新的途径。将妇科十味片、心可舒片、千金片用Ⅵ号丙烯酸树脂、羟丙基甲基纤维素进行薄膜包衣，并与糖衣片作了比较，结果表明薄膜包衣工艺简单，包衣时间短，成本低且无粉尘；成品增重少，防潮性能好，药物稳定性及生物利用度均优于糖衣片。中药全浸膏片在全薄膜包衣过程中会出现浸膏软化，导致包衣后片面出现凹点等问题。用Ⅱ号丙烯酸树脂和羟丙基甲基纤维素半薄膜包衣的方法解决了全浸膏片不易受热，硬度、支撑力不够的问题，此法也适用于易被有机溶媒浸蚀的片芯。经薄膜包衣后的冲剂颗粒剂均匀无糖，崩解快，易吸收，且服药体积小，病人乐于接受。如丙烯酸树脂Ⅳ用于莺都感冒冲剂的包衣，效果令人满意。味苦难以吞服的颗粒剂，包衣时添加少许矫味剂，效果更佳。用羟丙基甲基纤维素在新雪丹颗粒的生产中用此法包衣，取得了满意的效果。包衣后的颗粒剂也可装在胶囊中使用。用Ⅵ号丙烯酸树脂将薄膜包衣技术用于金蟾定痛微粒丸，解决了组方中成分易氧化变色的问题，同时也克服了传统方法盖面带来上色不均匀，崩解慢以及吸潮等现象。上海中药三厂在乌鸡白凤丸（浓缩丸）的生产中也进行了尝试。随着高分子学科的发展，新的薄膜包衣材料不断出现。传统薄膜包衣材料主要有胃溶和肠（小肠）溶型，随着新的pH敏感包衣材料的合成也使大肠和结肠定位给药成为可能。通过选择包衣材料和设计包衣处方，可使形成的包衣膜在一定的pH范围内溶解或崩解，也可控制膜的渗透性使包衣的药物在体内逐步释放出来，达到恒释、缓释、速释的目的，或者将药物制成在作用点释放的定位片以及将药物确切送入靶组织的靶向制剂。这些都使薄膜包衣具有强大的生命力和广泛的发展前景。

1.2.3　固体分散技术Sekiguchi等在20世纪60年代首先提出固体分散物概念，他们以尿素为载体，用熔融法制备了磺胺噻唑固体分散物。口服这种固体分散物，药物吸收、排泄量均比口服单纯磺胺噻唑增加。此后，人们对固体分散物进行了广泛的研究。固体分散物指药物以微粒、微晶或分子状态等均匀分散在某一固态载体中的体系。水溶性和亲水性很强的物质常作为固态分散物载体，以增加一些难溶性药物的溶解度和溶解速率，增加药物口服后的生物利用度。药物在载体中分散的状态分为简单低共熔混合物、固溶体、偏晶体、玻璃态固溶体和分子复合物等。常用于增溶作用的载体有水溶性聚合物，如PVP、PEG等；水溶性小分子化合物，如糖类物质蔗糖、葡萄糖等，有机酸类物质枸橼酸、琥珀酸等；其他亲水性辅料，如改性淀粉、微晶纤维素等。80年代以来，也有应用一些水不溶性载体或难溶性材料作为药物的载体，阻止药物的释放，以达到缓释或控释的目的。用于该目的的材料有水不溶性聚合物，如乙基纤维素、邻苯二甲酸醋酸纤维素、聚丙烯酸树脂等；脂质物如胆固醇、棕榈酸甘油酯等。固体分散物的常用制备方法有：熔融法，溶剂法，熔融-溶剂法，表面分散法等。采用熔融法制备中药滴丸，如苏冰滴丸、香连滴丸、复方丹参滴丸等是固体分散技术在中药制剂中的典型应用。以PEG-6000与卵磷脂为载体，采用溶剂法制备了青蒿素固体分散物，X射线衍射图谱表明青蒿素以非晶体状态存在，该固体分散物显著增加青蒿素的体外溶出速率。

1.2.4　包合物技术β-环糊精包合物是一种超微型药物载体。其原料是环糊精（CD），药物分子被包合或嵌入环糊精的筒状结构内形成超微粒分散物。因而，β-环糊精包合物分散效果好，易于吸收，释药缓慢，副反应低。特别对中药中易挥发性成分经包合后，可大大提高保存率，并能增加其稳定性。以紫苏叶挥发油、细辛挥发油的保存率作为评价指标，从生产角度研究挥发油β-环糊精包结物在颗粒剂生产中的应用，并采用正交法考查不同喷雾干燥条件对挥发油保存率的影响，挥发油保存率可达86.6%。β-环糊精包合技术制备冰片和蟾酥的包合物，并按比例取代冰片和蟾酥入药，制备六神丸，经质量检查、稳定性实验、刺激性试验和体外溶出试验，结果表明用β-环糊精包合物制备的六神丸较好地保存了挥发性的冰片，减少了蟾酥的刺激性，且体外溶出较快，优于按原工艺制备的六神丸。

1.2.5　微型包囊技术微型包囊技术是利用高分子材料（通称囊壁），将药粉微粒或药液微滴（通称囊心）包埋成微小囊状物的技术，其制品称为微囊剂。药物微囊化后，具有延长疗效，提高稳定性，掩盖不良嗅味，降低在胃肠道中的副作用，减少复方配伍禁忌，改进某些药物的物理特性与特点。微囊以往多以凝聚法制备而得。近年来，用喷雾干燥方法制备微囊的技术格外引人注目。在喷雾过程中，由心材和壁材组成的均匀物料，被雾化成微小液滴后，受周围热空气的影响，使雾滴表面形成一层半透膜，形成粉末状微囊颗粒。采用喷雾干燥法制备藿香油等挥发油微囊，考察油、水、胶三者比例对挥发油保留率的影响，并用气相色谱法测定了胡椒酚甲醚在原油和微囊中的含量。结果表明该囊的化学稳定性明显优于原油。

1.2.6　灭菌技术在药剂生产过程中常采用的灭菌方法有：热压灭菌法，流通蒸气灭菌法，煮沸灭菌法，滤过灭菌法及气体灭菌法等。^{60}Co-γ射线辐照灭菌是近年来发展较为迅速的一种灭菌方法。它具有穿透力强，操作简便，速度快，可在常温下灭菌，辐射剂量适当，不会破坏药品的有效成分，亦不会对人产生伤害，且有灭菌后较长时间控制细菌的再增殖等优点。对牛黄清心丸、牛黄消炎片等八个品种的成品进行高、中、低三种剂量的$60Co$-γ辐射灭菌，研究结果表明经辐射剂量2.5万Gy辐射后，样品的理化性质及含量影响较明显。如牛黄清心丸的含量由0.63%降至0.42%。而用中（1万Gy）、低（4000Gy、2000Gy）剂量辐射样品，对成品的质量影响很小。如牛黄清心丸含量0.62%（1万Gy），0.63%（4000Gy），0.632%（2000Gy）。从辐射前后细菌量变化来看：蜜丸用2.5万Gy、1万Gy、40万Gy灭菌剂量，灭菌效率达96%以上，而用2000Gy辐射，灭菌效率仅达90%左右，结合药品理化性质的变化提示，辐射灭菌采用4000Gy条件较为适宜。而片剂三种剂量灭菌效果均达95%以上，因而选用0.2Gy灭菌剂量即可。比较微波灭菌法和辐射灭菌法的灭菌效果，结果认为两种方法灭菌效果均非常显著，而微波灭菌法具更简单、快速等特点。

（摘自百度文库）

任务二 认识天津中药制药龙头企业

一、天津中新药业集团股份有限公司达仁堂制药厂

达仁堂是有着三百年历史的"乐家老铺"的正宗后裔。"乐家老铺"以其用药地道、炮制如法深得民间信仰，并于1723年承办御药，名声显赫。1913年，乐氏十二世乐达仁先生立志用他在英、德等西方国家学到的管理方法改造前店后厂的中药企业——京都达仁堂乐家老药铺，与其弟乐达义、乐达明、乐达德四人筹集白银四万两，于1914年在天津创办了天津达仁堂。从1917年起，先后在北京、青岛、武汉、长沙、福州、西安、长春、大连、郑州、开封、香港等开设了分店，销售药物1000余种。

达仁堂制药厂是天津有名中药企业，是天津中新药业集团（天津中药行业的代表企业）股份有限公司的骨干企业之一，坐落在天津现代中药产业园，该基地拥有目前中国最大的现代中药制剂中心和大型综合立体库房。目前产品涉及10多个剂型，191个品种，其中包括达仁堂独家研制的、荣获国际金奖的牛黄降压丸、藿香正气软胶囊、乌鸡白凤丸、清肺消炎丸等传统名优产品，国内销售很好,其中多个品种出口几十个国家和地区。

二、天津中新药业集团股份有限公司第六中药厂

中新药业天津第六中药厂是新加坡和上海两地上市的企业天津中新药业集团股份有限公司的核心企业，以生产现代中药滴丸制剂而闻名业界，拳头产品速效救心丸享誉中外，二十余年来畅销不衰，挽救了无数患者的生命，被亲切地誉为"救命丸"。

滴丸制剂是采用固体分散技术，萃取有效成分达到分子水平的传统中药现代制法的典范，具有提取纯度高、剂量小、起效快、服用安全、疗效显著、服用和携带方便等特点。作为最早将滴丸制剂实施规模化生产的天津第六中药厂，早在1991年就按照国际GMP（药品生产质量管理规范）标准实施滴丸制剂系列产品的技术改造项目，实现了从原料加工到成品生产

过程的机械化、自动化及全过程质量监控。同时一直把提高滴丸制剂的技术水平和科技含量作为企业各项工作的核心，对滴丸产品进行不断的技术更新和品质完善。

1997年，第六中药厂成为国内第一家通过GMP认证的中药企业，树立起规范的现代中药制药企业形象，成为我国医药行业向国内外展示现代中药制药水平的样板和窗口。

弘扬中医药文化，发展现代中药，造福人类健康是天津第六中药厂坚定不移的使命，因为六中药人满怀"责任、发展、共赢"的价值理念，不断以"诚信为本、质量第一、勇于创新、追求卓越"的企业精神和"敬业、爱岗、务实、求效"的工作作风，取得一次又一次的飞越。

培育企业核心竞争力，巩固国内最大规模的滴丸制剂基地的地位是天津第六中药厂的发展目标，在规范运营中，形成了完备的科技创新、产品开发、质量管理、人力资源、信息化、全面预算、市场营销、企业文化等管理系统。贯彻"以人为本"，把ISO 14001环境管理体系和OHSAS 18000职业安全与健康管理体系作为企业对社会与员工的一种责任。实施以科学管理为基础的发展战略是天津第六中药厂不断把优势转化为胜势的保证。

至今，天津第六中药厂已在业界取得辉煌的业绩和多项全国第一：

第一家开发出拥有自主知识产权的滴丸机设备；

第一家将现代滴丸技术实施产业化经营的企业；

第一家通过GMP认证的中药制药企业；

第一家将超临界萃取技术应用于中药提取研究与应用的企业；

第一家建设国内最大规模的川芎原料GAP（中药材生产质量管理规范）药源基地；

第一家"绿色中药出口生产示范企业"。

三、天津中新药业集团股份有限公司隆顺榕制药厂

中新药业天津隆顺榕制药厂前身是创办于1833年的天津隆顺榕药局，至今已有170余年的发展历史。隆顺榕药局因其品佳质优，经营有术，声

誉卓著而成"卫"药魁首。1957年隆顺榕与乐仁堂提炼部合并组建成中药提取制剂的专业生产厂家,即中新药业天津隆顺榕制药厂。中新药业天津隆顺榕制药厂在继承优良传统的基础上,不断创新,其产品以"选材地道、配制精良、工艺先进、疗效确切、功效卓著"而驰名中外,远销港、澳、台、新马等地,曾经是天津市中成药出口基地,全国21家重点中成药生产企业之一。

中新药业天津隆顺榕制药厂多年来一直致力于中药剂型改革的探索和中药技术的研究,是中国中药现代化的发源地。在科研开发、质量管理、生产经营、人才引用等方面都开创了中药制药史的先河:它于1952年在全国首家成立中成药研究机构及全国第一个中药提炼部,并引进了中药界有史以来的第一位留洋博士,将传统的中医药理论与现代制剂技术相结合进行中药剂型改革的研究,研制出了第一个中成药片剂——银翘解毒片;第一个中成药酊剂——藿香正气水;第一个中药颗粒剂——当归四逆汤;第一个中药针剂——穿心莲等多种中药新剂型。在软件建设方面:中新药业天津隆顺榕制药厂是天津首家在生产质量管理中推行全品种标准作业,实行规范化生产的中成药生产企业,形成了中国中药制药企业的GMP最早的软件雏型。目前中新药业天津隆顺榕制药厂拥有液体制剂、片剂、颗粒剂三条生产线,88个注册品种。许多品种曾多次获奖,其中精制银翘解毒片自1958年就开始出口14个国家及地区,一直延续至今,多次荣获天津市优质产品称号;藿香正气水1979年荣获国家银质奖,在以后历届全国同类品种评比中都获得第一。小儿金丹片荣获1983年、1990年《中国妇女儿童用品四十年》博览会金奖。近年来又开发研制出了一系列新品:治疗糖尿病的纯中药制剂金芪降糖片,治疗泌尿系统感染的医院急诊必备中成药癃清片,达到美国FDA新药研究水平的中药复方抗癌药紫龙金片。

四、天津天士力制药股份有限公司

天津天士力制药股份有限公司位于环渤海经济发燕尾服中心,环境优美的天津北辰科技园区天士力现代中药城,建筑面积4万平方米,职工

2400多人，拥有通过国家GMP、ISO9001、IS14001和澳大利亚TGA认证的生产车间，是当前国内最大的滴丸剂型生产企业。

公司以追求"天人合人，提高生命质量"为理念，用现代科技赋予传统中药以新的生命力，目前产品有复方丹参滴丸、养血清脑颗粒、柴胡滴丸等，逐步建立了以复方丹参滴丸生产经营为核心的产业化体系。其独家研究生产的复方丹参滴丸已经成为我国心脑血管药品市场的主导产品之一。先后列入国家科技部"中药现代化科技产业行动计划"重中之重项目；九五重大科技成果推广项目和国家973基础科学研究项目。被国家计委列入高技术产业示范工程项目和国家中药现代化重大专项项目计划，成为目前全欧中医药学会联合会向欧共体药审委传统药立法小组推荐的唯一产品，第一个以药品身份通过美国食品药品管理局临床用药申请（FDAIND），成为中国第一例中药、全世界第一例治疗心脑血管疾病的复方草药制剂，而且通过美国FDA新药临床试验审批的药品，实现了中药进入世界医药主流市场的历史性突破。

模块四　素质强，创业有实力

任务一　认识毕业后的升学、就业道路

中药制药技术专业的学生在毕业时获得本专业的专科学历，同时经过考核也会获得中药固体制剂工或检验员的职业资格证书，有些同学还可以考取中药调剂员或中药购销员的职业资格证书，5年之后可以报名参加国家执业药师资格考试，通过考试后获得国家执业（中）药师的资格证书，为自己的职业生涯开辟更加宽广的天地。

因此，同学们在毕业后可以选择直接就业、进一步升学深造或者其他途径就业。

直接就业：该专业毕业生可以在中药制药相关行业企业就业，主要岗位包括QA员、QC员、生产班组长、生产工人等。经过专业拓展，还可以在生产、销售等岗位从事工作。当然，大多数同学还会边工作边继续学习提高。

升学深造：该专业毕业生可以选择进入本科院校进行进一步学习深造，成绩合格后可以获得相应学历学位。也可参加专业硕士研究生教育考试，继续获得本科以及更高层次的教育学习机会，提高学历层次，对应的专业有生物技术、生物工程、生物制药、分子生物学、细胞生物学等专业。学生毕业5年后可参加全国统一执业药师资格考试。目前进入本科院校深造的途径主要有三条：自考升本、成考升本和高职升本。除此之外，一些省市对专科毕业生升本有鼓励政策，例如，在天津市，参加技能大赛

获得一等奖可以免试升本。

本专业学生毕业后，可参加高一级相应工种的专业培训，取得相应的技能等级资格。

其他途径：除了直接就业、升学深造以外，毕业生还可以自主创业、或是选择参军入伍、考取公务员或选调生、参加"三支一扶"计划、"大学生志愿服务西部"计划等。

自主创业：国家鼓励和支持高校毕业生自主创业。对于高校毕业生从事个体经营符合条件的，将给予一定的优惠政策，毕业生可以向所在学校就业中心、学工部咨询。

大学生参军入伍：国家鼓励普通高等学校应届毕业生应征入伍服义务兵役。高校毕业生应征入伍服义务兵役，没有专业限制，只要政治、身体、年龄、文化条件符合应征条件就可报名应征。毕业生在服役期间享有一定经济补偿，服役期满后可在入学、就业等方面享有一定优惠政策。每年4月至7月开展预征工作，毕业生可以向所在学校就业中心、学工部、人武部咨询。

公务员：应往届毕业生可以参加国家或地方公务员考试，两者考试性质一样，都属于招录考试，但两者考试单独进行，相互之间不受影响。国家公务员考试一般在当年底或下一年年初进行，地方公务员考试一般在3~7月进行，考生根据自己要报考的政府机关部门选择要参加的考试，一旦被录取便成为该职位的工作人员。具体公务员政策可参看国家公务员网的相关政策。

选调生：选调生是各省区市党委组织部门有计划地从高等院校选调的品学兼优的应届大学本科及其以上的毕业生的简称，这些毕业生将直接进入地方基层党政部门工作。我国各省份对选调对象的要求条件差别较大，专科毕业生可以根据自己的实际情况，结合选调省份对选调对象的要求，报名参加相应考试。毕业生可以向所在学校就业中心、学工部咨询。

"三支一扶"计划：大学生在毕业后到农村基层从事支农、支教、支医和扶贫工作。该计划通过公开招募、自愿报名、组织选拔、统一派遣的方式进行落实，毕业生在基层工作时间一般为2年，工作期间给予一定的生活补贴。工作期满后，可以自主择业，择业期间享受一定的政策优惠。毕业生可以向所在学校就业中心、学工部咨询。

"大学生志愿服务西部"计划：国家每年招募一定数量的普通高等学校应届毕业生，到西部贫困县的乡镇从事为期1～3年的教育、卫生、农技、扶贫以及青年中心建设和管理等方面的志愿服务工作。该计划按照公开招募、自愿报名、组织选拔、集中派遣的方式进行落实。志愿者服务期间国家给予一定补贴，志愿者服务期满且考核合格的，在升学就业方面享受一定优惠政策。毕业生可以向所在学校就业中心、学工部咨询。

任务二　认识毕业后的职业道路

该路径是毕业生常规的职业道路，以顶岗实习学生或毕业生身份进入企业，从事某一岗位或轮岗工作，此时是毕业生熟悉工作岗位、工作单位的阶段。待正式毕业后，可以进入企业的试用期，成为实习员工，这一阶段仍是毕业生熟悉工作、企业和毕业生进行双向选择的阶段。试用期结束后，毕业生成为企业的正式员工，从事某一特定岗位的工作，通常从最基层做起，这样不仅可以掌握较全面的知识，可以积累丰厚的经验，对于日后从事技术或管理工作奠定扎实的技术功底，而且，这样的职业路径也符合毕业生的知识结构、技能水平和目前自我提升的准备情况。当锻炼到具有一定工作能力，积累有一定工作经验，创造有一定工作成绩时，可以逐步晋升，逐渐从普通员工成长为企业骨干，再成长为企业"顶梁柱"。

任务三　认识毕业后的职业岗位

中药制剂技术专业涉及的领域主要是中药剂型的制备和质量检测，同学们毕业后可以进入到中药制药相关企业从事中药常见剂型的生产工艺操作（液体制剂工、固体制剂工等），原料、各工序的半成品及产品质量控制（中药质检工）等工作。此外，还可以担任中药经营企业及各级药品监督管理机构的质量控制、基层管理等工作。

此外中药制剂技术专业的毕业生还可在保健食品生产、检验岗位；化妆品生产检验岗位；食品生产、检验岗位以及医药行业与本专业相关的其他岗位就业。

任务四　学习身边的中药制药技术领域中的能工巧匠

我国劳动人民几千年来在与疾病作斗争的过程中，通过实践，不断认识，逐渐积累了丰富的医药知识。从古至今涌现出众多的能工巧匠和杰出人才。我们并不是只能从古代典藏、书籍、网络、媒体中看到他们的身影，聆听他们的话语，其实，他们离我们并不远，他们就在我们的身边。通过学习企业中的能工巧匠和科研院所中的杰出人才，我们不仅可以开阔自己的视野，向他们学习先进的理论，更可以领略他们的风采，从他们的身上学习不畏困难，勇攀事业高峰的可贵精神。

人物一："速效"发明人——章臣桂

一个只有拇指大小的瓷葫芦里盛着一些小药丸，谁要是突发心脏病，含服几粒很快见效，这就是"速效救心丸"。此药诞生20多年来，不知拯救了多少心脏病人的生命，老病友们都叫它"救命丸"。全国目前只有三种中药配方工艺属于国家级机密，速效救心丸、云南白药和片仔癀，而北方的速效救心丸更是和南方的云南白药媲美齐名。这样一个蜚声海内外的中药滴丸，就是由中药制剂专家，现任天津中新药业集团首席技术专家、终身高级顾问的章臣桂教授发明的，章臣桂教授自1958年从南京药学院毕业后，五十年倾情于中药创新事业，呕心沥血半个世纪，孜孜以求，硕果累累，以十余项重大科研成果闻名全国，对推动中药制剂创新及中药产业实用技术的发展做出了不可磨灭的贡献。

在50年的实践中，章臣桂始终扎根科研生产一线，一面刻苦钻研积累中医理论知识，一面在实践中虚心向老药师请教掌握传统工艺，形成了"剂型的改进要为疗效服务"的创新思路。她采用现代科学多学科综合手段，对古老的中药制剂丸、散、膏、丹进行研究改进。在确保疗效的基础上，利用多种提取方法将药材中的活性成分分离出来，再根据临床最佳效果，将传统中药剂型改为服用量小、疗效显著、且易于服用的不同剂型。仅以速效救心丸为例，问世后即被列为全国中医院十二种必备急救药之一，成为中新药业的支柱产品，也是全国中药行业的拳头产品。上市26年来累计产值近百亿，清咽滴丸也已成长为销售过亿的大品种。在自身科研成果层出不穷的同时，章臣桂还始终不忘自己既是一名科研工作者，更是一名推动中药事业不断进步的技术带头人。新一代的大学生一批一批的进入到中药行业，给古老的中药行业带来了勃勃生机。如今，她的学生也成为了中药行业的中坚力量，天津食品药品监督管理局总药检师李静、正大制药集团总裁徐晓阳、天津阿尔发食品有限公司董事长谢克华、中新药业隆顺榕制药厂和达仁堂制药厂的总工程师等都是章臣桂的学生。业内专家学者认为，章臣桂在中药创新领域所取得的成就显著，她是中药制剂行业的一面旗帜，是领军人物之一。

人物二：中药制剂创新第一人——田绍麟

1953年底，隆顺榕国药提炼部研制成功了中国中药史上第一粒片剂——银翘解毒片，它的问世，标志着中药制剂技术进入了新的历史阶段。银翘解毒片也成为深受患者信任的经典感冒名药，半个世纪经久不衰。而中药片剂的主要工序就是由出身中医世家，但也是中国中药史上第一个留法博士，从法国里昂大学药化专业毕业的田绍麟博士设计的，有水提取、减压浓缩、干燥、粉碎、制大颗粒、制小颗粒、压片、包装，这些工序与现在的工序基本差不多。

传统的中药丸、散、膏、丹服用不方便，而且见效慢，而在当时西药的片剂剂型有着服用方便，见效快的特点。银翘解毒片来源于清代医学家吴鞠通所著《温病条辨》，自发明以来以其独特的疗效成为临床治疗感冒的首选方剂。但因是散剂，服用很不方便。田药师决心发明创造新剂型，他模仿制药中片剂的工艺流程，对传统的中药进行实验。首先摆在田绍麟面前的困难是，中药的原生药粉入药一次服用剂量太大，如何摆脱这一困境，田绍麟冥思苦想，设计了提纯工艺，将组方中的单味药采用醇提、水煮的方法提取出药物的有效成分，然后浓缩压制成片。把黑乎乎的汤药变成了一颗颗神奇精美小巧的药片，在当时，这在很多人眼里简直惊讶得不得了。它像一声春雷在当时的中药界炸响，使得全国正在处于迷茫的中药人找到了曙光，从此使中药行业正式走上了现代工业化发展的道路，同时把中药剂型的发展也带入了一个新的里程碑。时至今日在我国银翘解毒片仍然堪称抗感冒中成药的第一品牌。继片剂的研制成功，1954年，中国中药史上第一个酊水剂———藿香正气水诞生了。藿香正气水取自宋代太平惠民和剂局的藿香正气散，已有800多年的历史。对于外感风寒、内伤饮食造成的头疼昏重、脘腹胀痛、呕吐腹泻有明显的疗效。针对暑天患肠胃型感冒的病人发病迅速的特点，为了尽快缩短病人呕吐、腹泻的时间，田绍麟大胆采用酒精剂，将藿香正气散中的姜半夏改为生半夏，将方中的白术改为祛湿能力更强的苍术，使得药效更加明显。藿香正气水问世后，由于其携带方便、起效迅速、疗效好而迅速为广大老百姓所接受，最重要的是藿香正气水取代了在中国盛行多年的日本抗暑药"十滴水"，中国终于有了自己的抗暑良药。20世纪60年代初，藿香正气水被纳入国家防疫药品计划，由国家统一储备和调拨。

人物三：拉斯克奖获得者———屠呦呦

2011年，拉斯克临床医学奖被授予中国科学家屠呦呦。拉斯克奖素有"美国的诺贝尔奖"之美誉，是美国最具声望的生物医学奖项，也是医学界仅次于诺贝尔奖的一项大奖。屠呦呦因为发现青蒿素这种用于治疗疟疾的药物而获得拉斯克临床医学奖，这是至今为止，中国生物医学界获得的世界级最高大奖，离诺贝尔奖只有一步之遥。屠呦呦是中国中医研究院终身研究员兼首席研究员，青蒿素研究开发中心主任，突出贡献是创制新型抗疟药青蒿素和双氢青蒿素。通向成功的道路从来都是布满荆棘的，屠呦呦也正是在经历190多次实验失败后，才最终达到成功的彼岸。在20世纪60年代，疟疾疫情在全球范围内都难以得到有效控制，我国开展了研发抗疟新药的科研项目，屠呦呦正是科研大军中的一员。她查阅医书，编辑药方，进而进行实验，经过筛选，最终在380多个植物提取物中选择了青蒿。然而，令人意想不到的是，在后续的大量实验中发现，青蒿的抗疟效果并不理想。意志坚强的屠呦呦没有灰心，经过认真分析，她认为是在青蒿素的提取过程中，高温破坏了青蒿素的结果，导致抗疟失效。于是，她迎难而进，通过不断尝试，最终改用乙醚制取青蒿提取物，这一步至今仍被认为是当时发现青蒿粗提物有效性的关键所在。在经历了190多次的失败之后，屠呦呦终于从提取到了具有良好抗疟活性的青蒿素，获得对鼠疟、猴疟疟原虫100%的抑制率。为全球控制疟疾疫情，挽救人类生命做出了重大贡献。

任务五　个人职业生涯规划

个人职业生涯规划是指一个人对自己内在的兴趣爱好、能力特长、学习工作经历、职业倾向等因素和外在工作内容、工作性质、时代特点等因素进行综合分析，确定自己的职业奋斗目标，并为实现这一目标而制定合理有效的行动方案。职业生涯规划主要包括四个方面，即我真正想做什么？我适合做什么？我怎样去实现我的目标？我现在需要做什么？

毕业生从业后，要对自己的职业生涯有一个合理规划。要根据对自己兴趣、能力的了解，以及对职业的认识，再辅以职业人员的咨商、辅导，制订一个职业生涯计划，以为将来职业生涯的依归。我们根据自己的职业生涯计划，可以选择适当的教育、训练来习得职业的技能，为顺应技术的变化、岗位的转换工作的升迁做好准备工作。

一、高职学生职业生涯规划的原则

1. 结合社会需求

大学生学习的现实目标就是就业，即自主创业与择业。就业作为一种社会活动必定受到一定的社会需求制约，如果自身的知识与个人的观念、能力脱离社会需要，很难被社会接纳。高职学生在职业生涯规划时，要看清现实社会与未来的发展趋势，根据社会需要锻炼自己的能力、培养自己的综合素质，完善自己的人格，做到社会需求与个人能力的统一、社会需要与个人愿望的有机结合。

2. 结合所学专业

专业匹配，是我们进行职业生涯规划的目标之一。每个专业都有一定培养目标和就业方向与就业领域，这就是职业生涯规划的基本依据。求职过程中如果不能实现专业与职业的匹配，势必付出转换成本，无论对于个人还是社会都是巨大的浪费。因此，高职学生在进行职业生涯规划时一定要了解专业、分析专业、强化专业知识与技能的掌握，以专业特色和能力要求为导向，规划自己的学习与生活，力争实现专业与职业的匹配。

3. 结合个人特点

职业生涯设计不能千篇一律，一定要结合个人的特点。不同的职业对人的要求不一样，别人适合的职业不一定适合自己，不能盲从。高职学生职业生涯规划也要与自己的个性倾向、个性心理特征及个人能力特长等方面相结合。个性倾向包括需求、兴趣、动机、理想、信念和世界观。个性心理特征包括气质与性格。通过职业生涯规划相关的测评，认清自己，明确自身特点，准确定位，充分发挥自己的优势，结合自身特点才能体现人尽其才、才尽其用的要求。

4. 连续性原则

首先要保持大学3年目标的连续性，3年期间也许会对目标作一些调整，但不应频繁。毕业后职业生涯设计的目标也应保持与大学期间的连续性和一致性，使之贯穿一生。目标能对学习和工作产生激励作用，而激励的最终目的是为了职业上的突出成绩。目标如果不具有连续性，将会使某些学习变得徒劳，因而难以实现自己的职业理想。

5. 动态性原则

任何事物的发生和发展过程都不是一成不变的。同样职业生涯设计的制定也是一个不断修正的过程，随着环境和自身的变化，职业发展方向也要不断进行重新定位，实现的路径和手段也要重新选择。

二、高职学生职业生涯规划的步骤

根据我国社会对高技能人才的需求和高职毕业生的就业现状，高职院校学生的职业生涯规划主要包括以下几个步骤。

1. 树立职业理想

职业理想是指人们对未来职业表现出来的一种强烈的追求和向往，是人们对未来职业生活的构想和规划，在人们职业生涯规划过程中起着调节和指南作用。任何人的职业理想必然要受到社会环境、社会现实的制约。对于高职学生来说，职业理想的树立除要符合当今社会发展和人民利益的需要外，一定不要好高骛远。高职学生的职业理想应用发展的眼光、长远的观点来指导自己的创业与择业。

2. 自我评估与环境分析

自我评估是运用相应的测评体系对自己的兴趣、特长、性格、学识、技能、智商、情商以及管理、协调、活动能力等的测评。它的实质就是通过自我分析，能够知己之长、知己之短、知己所能、知己之所不能，并通过一定的测试来确定自己的职业兴趣、价值观和行为倾向，即要弄清我想干什么、我能干什么、我应该干什么、在众多的职业面前我会选择什么等问题。

任何一个人的职业生涯都必须依附于一定的组织环境条件和资源，都必然受到一定社会、经济、政治、文化和科技环境的影响作用。环境提供或决定着每个人职业生涯的发展空间、发展条件、成功机遇和前进的威胁。环境分析主要分析外部环境因素对自己生涯发展的影响，主要包括社会环境的分析、行业环境的分析、企业环境分析和职业环境分析。个人在自我评估基础上进行环境分析旨在知己知彼，使个人职业生涯规划客观现实。

3. 职业定位

职业定位就是要为职业目标与自己的潜能以及主客观条件谋求最佳匹配。良好的职业定位是以自己的最佳才能、最优性格、最大兴趣、最有利的环境等信息为依据的。高职学生职业定位应注意：①依据客观现实，考虑个人与社会、单位的关系；②比较鉴别，比较职业的条件、要求、性质与自身条件的匹配情况，选择更符合自己兴趣、专业特长、经过努力能很快胜任、有发展前途的职业；③扬长避短，看主要方面，不要追求十全十美的职业；④要把"志当存高远"与脚踏实地相结合，注意长期和短期相结合。

4. 设定特定学期的职业生涯目标

特定学期生涯目标的设定，是将职业目标进行有效的分解。目标分解的过程也是职业能力要求分解的过程。高职学生可以在一年级了解自我；二年级锁定感兴趣的职业，有目的提升职业修养；三年级通过社会实践、就业实习等，为初步完成学业到职业者的角色转换做好准备。这样做有利于充分挖掘个人的潜力，有序从容地提高自己的能力，推进个人条件与职业要求的吻合。

5. 制定并实践学期行动计划

具体、明确、可行的学期行动计划是实现特定学期的职业生涯目标的重要保证。行动计划可包括：在学习方面怎样完成学业，提高哪些实际操作能力；在工作方面应掌握哪些技能，如何提高工作效率；在业务素质方面如何提高决策能力、心理调适能力、社交能力，培养特长，完善人格；在潜能开发方面如何提高综合能力、创造能力等。制定学期行动计划时，应注意考虑以下几个方面：①教育、训练的安排；②获得发展的安排；③排除各种阻力的计划与措施；④争取各种助力的计划与措施。

6. 自我评估与调整

由于外界环境和自身素质的变化，有必要在这些因素产生变化后，重新对自我进行剖析和评估，及时诊断生涯规划各个环节出现的问题，反馈这些信息，不断对生涯规划进行评估与修订，及时纠正最终职业目标与分阶段目标的偏差。其修订的内容包括：职业的重新选择、生涯路线的选择、人生目标的修正、实施措施与计划的变更等。

近期自我发展规划（大学生活规划）

时间		大学 ___ 年级第 ___ 学期
职业素养	阶段目标	
	行动方案	
	满意收获	
	不足之处	
	改进方向	
理论学习	阶段目标	
	行动方案	
	满意收获	
	不足之处	
	改进方向	
技能锻炼	阶段目标	
	行动方案	
	满意收获	
	不足之处	
	改进方向	
实习经历	阶段目标	
	行动方案	
	满意收获	
	不足之处	
	改进方向	
学生工作	阶段目标	
	行动方案	
	满意收获	
	不足之处	
	改进方向	

短期自我发展规划（初步职业规划）

我的职业目标：＿＿＿＿＿＿＿＿＿＿＿＿＿＿＿（毕业＿年实现）

单位/岗位	
岗位工作内容	
岗位任职资格	
岗位工作环境	
岗位发展潜力	
自身具备条件	
自身欠缺条件	

行动方案

在个人的职业生涯上，由于外界环境的变化和一些不确定因素的影响，我们制定的职业生涯规划总会与实际情况出现一定的偏差。因此，这就需要我们对自己的职业生涯规划有一个评估、反馈、调整的过程，经过这样一个动态的完善过程，我们的职业生涯规划才能更加符合社会需要，顺应环境变化，保证职业生涯规划的有效性。